北京理工大学 "985 工程" 国际交流与合作专项资金资助图书

超宽带调频收发机的分析与设计

——针对医疗电子、无线体域网及无线个人网

周　波（Bo Zhou）

［美］姜培（Patrick Chiang）　著

北京理工大学出版社

BEIJING INSTITUTE OF TECHNOLOGY PRESS

内容简介

本书阐述了超宽带调频收发机的系统架构和工作原理，给出了多款收发机设计实例及测试结果；介绍了众多模拟和射频子模块的结构及电路实现；详细阐释了发射机及接收机设计，并给出了系统级功耗优化方案。

全书内容共分8章：第1章介绍超宽带调频技术的应用及优势；第2章阐述超宽带调频的原理、收发机架构及系统设计考虑；第3章介绍子载波生成的结构和电路设计，并给出芯片Ⅰ、Ⅱ和Ⅲ的测试结果；第4章讨论射频频率调制及中心频率校正的电路实现，并给出芯片Ⅳ和Ⅴ的测试结果；第5章阐述宽带射频鉴频器及子载波处理的架构设计和电路实现，并给出芯片Ⅵ和Ⅶ的测试结果；第6章介绍超宽带调频收发机的射频前端模块及超宽带天线的设计，并给出系统级测试方案、测试结果和链路预算；第7章阐述低功耗收发机设计，提出系统级功耗优化方案，并给出芯片Ⅷ的测试结果；第8章补充介绍超宽带调频发射机的另类实现。

图书在版编目（CIP）数据

超宽带调频收发机的分析与设计：针对医疗电子、无线体域网及无线个人网 / 周波，（美）姜培著 . —北京：北京理工大学出版社，2015.12

ISBN 978-7-5682-1364-6

Ⅰ. ①超… Ⅱ. ①周… ②姜… Ⅲ. ①无线电台 Ⅳ. ①TN924

中国版本图书馆 CIP 数据核字（2015）第 267364 号

出版发行 / 北京理工大学出版社有限责任公司
社　　址 / 北京市海淀区中关村南大街 5 号
邮　　编 / 100081
电　　话 / （010）68914775（总编室）
　　　　　（010）82562903（教材售后服务热线）
　　　　　（010）68948351（其他图书服务热线）
网　　址 / http：//www.bitpress.com.cn
经　　销 / 全国各地新华书店
印　　刷 / 保定市中画美凯印刷有限公司
开　　本 / 710 毫米×1000 毫米　1/16
印　　张 / 10　　　　　　　　　　　　　　　　责任编辑 / 封　雪
字　　数 / 163 千字　　　　　　　　　　　　　文案编辑 / 封　雪
版　　次 / 2015 年 12 月第 1 版　2015 年 12 月第 1 次印刷　　责任校对 / 周瑞红
定　　价 / 36.00 元　　　　　　　　　　　　　责任印制 / 王美丽

图书出现印装质量问题，请拨打售后服务热线，本社负责调换

前　言

　　超宽带调频（FM-UWB）技术已成为无线体域网（WBAN）和无线个人网（WPAN）青睐的短距离、低功耗、低成本无线通信技术。它的诸如穿透性强、辐射小、保密性好、设计简单、功耗低等适合人体通信环境的特点，使得它在生物医疗电子领域有着巨大的应用前景。

　　基于近年来在超宽带调频收发技术上累积的科研经历和发表的科研论文，反复查阅大量文献，编者系统梳理了多年来的研究心得，将所学、所思、所感、所悟记录下来，一是供同行或后来者交流和参考，二是自身再学习再思考的过程。

　　本书阐述了 FM-UWB 收发机的系统架构和工作原理，给出了多款 FM-UWB 收发机的设计实例及测试结果；介绍了 FM-UWB 众多模拟和射频子模块的结构及电路实现；详细阐释了发射机和接收机设计，并给出系统级功耗优化方案。

　　全书内容共分 8 章：第 1 章介绍超宽带调频技术的应用及优势；第 2 章阐述超宽带调频的原理、收发机架构及系统设计考虑；第 3 章介绍子载波生成的结构和电路设计，并给出芯片 Ⅰ 、Ⅱ 和Ⅲ的测试结果；第 4 章讨论射频频率调制及中心频率校正的电路实现，并给出芯片 Ⅳ 和 Ⅴ 的测试结果；第 5 章阐述宽带射频鉴频器及子载波处理的架构设计和电路实现，并给出芯片Ⅵ和Ⅶ的测试结果；第 6 章介绍超宽带调频收发机的射频前端模块（输出放大器、预放大器）及超宽带天线的设计，并给出系统级测试方案、测试结果和链路预算；第 7 章阐述低功耗收发机设计，提出系统级功耗优化方案，并给出芯片Ⅷ的测试结果；第 8 章介绍超宽带调频发射机的另类实现，作为全书内容的补充，加深读者对超宽带调频的认识。

　　本书专业性和实用性都很强，兼顾工程设计和科研创新，注重低功耗、低成本设计考虑。本书自成体系，脉络清晰，便于自学，主要面向模拟、射频集成电路从业人员，包括微电子专业的在校研究生和半导体行业的研发工程师，尤其适合那些从事超宽带技术研发的同行。

　　本书在编写过程中，得到了清华大学王志华教授和李宇根（Woogeun Rhee）教授的悉心指导。此外，天津大学的陈霏老师、俄勒冈州立大学的祁楠博士和续阳博士也给出了宝贵的修改意见。本书的相关科研工作，获得国家自然科学基金（61306037）、北京市自然科学基金（4153063）、北理工校基础研究基金（20130542009）、国家公派留学基金（201406035016）的支持。

　　本书的出版得到了北京理工大学"985 工程"国际交流与合作专项资金的资助和国家外国专家局"外国文教专家项目"的大力支持，在此表示衷心的感谢。本书的形成还得益于北京理工大学出版社同志们大量而细致的编辑工作，在此一并表示感谢。家人的理解、支持和无私的爱，是编者进行科研工作的动力，谨以此书送给我们的父母和妻儿。

　　限于编者水平，书中难免存在不妥和错误之处，欢迎广大读者批评指正。

作　者
2015 年 6 月

目 录

第 1 章

FM-UWB 的应用及优势

■ 1.1 超宽带技术

联邦通信委员会（Federal Communications Commission，FCC）定义凡满足下面任一条件的信号即为超宽带（Ultra Wideband，UWB）[1]信号：

（1）信号带宽大于载波频率的 0.2 倍，即相对带宽大于 0.2；

（2）信号（绝对）带宽大于 500 MHz。

式（1-1）给出了相对带宽（BW_R）和绝对带宽（BW_A）的计算公式；其中，f_H和f_L分别是 UWB 信号的功率谱密度衰减 10 dB 时对应的上限频率和下限频率。图1-1 给出了 UWB 信号与窄带信号的带宽比较；可见，

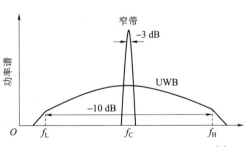

图 1-1　超宽带和窄带信号的带宽比较[1]

UWB 信号的带宽不同于窄带信号所定义的-3 dB 带宽，而是-10 dB 带宽。

$$BW_A = f_H - f_L, \qquad BW_R = \frac{f_H - f_L}{0.5(f_H + f_L)} \tag{1-1}$$

图 1-2 给出了当前常用的无线通信技术的频带分布。FCC 把 3.1～ 10.6 GHz 范围的频带划分给民用 UWB 使用；UWB 信号的频带覆盖了现有的窄带无线通信系统，为了不干扰窄带通信，需要限制 UWB 的发射功率。图 1-3 给出了 FCC 制定的 UWB 信号在发射（辐射）功率上的限制，即 UWB 信号的频谱掩膜[2]。与其他无线通信技术相比，UWB 的发射（辐射）功率相当的低（小于 100 μW 或-10 dBm），功率谱密度（PSD）低于-41.3 dBm/Hz。

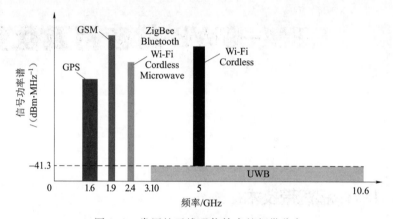

图 1-2　常用的无线通信技术的频带分布

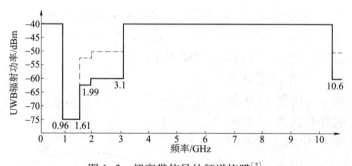

图 1-3　超宽带信号的频谱掩膜[2]

1.2　UWB 的分类

UWB 信号的产生方法有很多种，这里给出近年来在半导体顶尖会议

（IEEE International Solid-State Circuits Conference，ISSCC）和杂志（IEEE Journal of Solid-State Circuits，JSSC）上出现的比较多的五种 UWB 技术。

（1）MB-OFDM[3]，多频带正交频分复用：多频带（MB）技术和正交频分复用（OFDM）技术联合使用以实现超宽带，采用多频带方案粗分很宽的频带，而 OFDM 细分频带；通过多个子频带来实现大带宽的动态分配，数据在每个子频带上采用时-频交织正交频分复用（TFI-OFDM）的方式进行传输。

例如 3.1~10.6 GHz 的 UWB 频带通过多频带技术，粗分为多个子频带，每个子频带有 528 MHz 的带宽，用来传输基于 128 个点 OFDM 调制的数据，则每个子载波只需占用 4 MHz 的带宽。也就是说，借助 MB 和 OFDM 混合技术，可将窄带信号转换成 UWB 信号。

（2）DS-CDMA[4]，直接序列码分多址：将携带数据信息的窄带信号（信息码元）与高速地址码信号（扩频码）相乘而生成宽带扩频信号；以信息码元为基础，以 M 元双正交键控（MBOK）码作为扩频码，即作为 CDMA 的编码类型，对每一码元进行 MBOK 编码以实现频谱扩展。

（3）IR-UWB[5]，脉冲无线电超宽带：根据时-频变换原理，信号在时域的脉冲越窄，则在频域的带宽越宽；数据通过调制高阶高斯短时脉冲的物理参数（如幅度、相位、位置等）产生 UWB 信号。

（4）FM-UWB[6]，超宽带调频：借助双调频技术 FSK+FM，将数据映射成频率不同的三角波信号，再基于三角波幅值直接进行射频调频，利用后者的大射频调制因子，实现频带拓展并产生 UWB 信号。

（5）Chirp-UWB[7]，线性调频超宽带：IR-UWB 和 FM-UWB 的混合体，系统沿用 IR-UWB 的脉冲间歇工作模式，但脉冲内部采用 FM-UWB 中利用频率调制实现超宽带频谱的思路。

1.2.1　IR-UWB

IR-UWB 的脉冲调制方式主要有脉冲二进制相位调制（BPM）、脉冲开关调制（OOK）、脉冲幅度调制（PAM）、脉冲位置调制（PPM）等，分别用短时高阶高斯脉冲的相位、有无、幅度、位置来代表基带数据[8]，如图 1-4 所示。

IR-UWB 通常有低至 1% 的占空比，产生的脉冲宽度很窄。如此窄的脉冲波形在时间和空间上具有高分辨率，所以 IR-UWB 具有高精度的测距和定位能力。

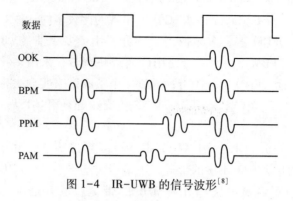

图 1-4　IR-UWB 的信号波形[8]

　　IR-UWB 低占空比的好处是通过间歇工作可节省系统功耗；但极窄的脉冲宽度会使接收机在位同步时产生困难，因为要想对如此短时的脉冲在时域上定位是相当有挑战的。另外，在同等功率谱密度约束的条件下，IR-UWB 具有较高的输出峰值电压，这对于低电压的 CMOS 器件来说是不易实现的[9]。此外，其峰值与平均功率的比值较高，超宽带天线不易设计。而且，其频谱旁瓣较多，射频带宽难以控制。

1.2.2　FM-UWB

　　FM-UWB 运用双调频技术[10, 11]：基带数据"0"和"1"经过 2 元频移键控（2-FSK）转换成频率分别为 f_1 和 f_2 的模拟三角波序列，这一过程叫子载波生成；随后模拟三角波送到射频压控振荡器（VCO）的电压控制端，在 VCO 的幅度-频率转换增益的操作下，产生载波频率随三角波子载波幅度变化的恒包络信号，即 UWB 信号，这一过程叫作射频调频（RF-FM）。

　　图 1-5 给出了 FM-UWB 信号的时域波形及频谱特征。恒包络的频谱特点是频谱形状理想，有平坦的频谱通带特性和陡峭的频谱滚降（roll-off）特性，因而射频带宽容易控制；另外，在同等功率谱密度约束的条件下，FM-UWB 具有较小的输出峰值电压，其峰值与平均功率的比值较低，因此其超宽带天线更容易设计。但 FM-UWB 缺乏占空比的操作，使得载波需要连续传输，即射频大电流模块需要持续工作，难以实现系统功耗最优化。

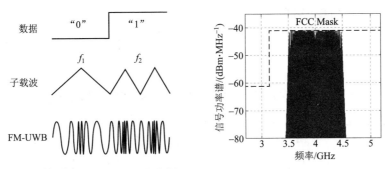

图 1-5   FM-UWB 的信号波形及频谱特征

1.2.3   Chirp-UWB

为了整合 IR-UWB 和 FM-UWB 各自的特点与优势，人们提出了 Chirp - UWB[7,9] 技术。如图 1-6 所示，Chirp-UWB 沿用了 IR-UWB 的间歇工作模式以降低系统功耗，但其占空比（诸如 10%）较之 IR-UWB 的占空比（小于 1%）要宽松很多；而在每个脉冲内部，都采用了 FM-UWB 中利用频率调制实现超宽带频谱的思想，使用一个下降的 Chirp（如频率从

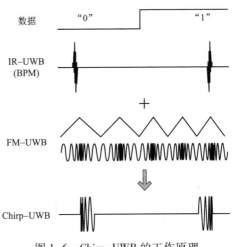

图 1-6   Chirp-UWB 的工作原理

4 GHz 降低至 3.75 GHz）表示数据 "0"，用一个上升的 Chirp（如频率从 4 GHz 上升至 4.25 GHz）代表 "1"。Chirp-UWB 信号相当于 FM-UWB 信号在每比特周期内截取了一小段，只不过数据 "1" 对应截取的是频率上升段，数据 "0" 对应截取的是频率下降段。

也就是说，Chirp-UWB 在电路实现细节上类似于 FM-UWB，但在系统级操作模式上类似于 IR-UWB。相比于 IR-UWB，Chirp-UWB 宽松的占空比不仅降低输出脉冲的峰-峰值电压，有利于低电压 CMOS 工艺下的电路设计，而且具有较大的脉冲宽度，有利于接收端的脉冲同步处理。相比于 FM-UWB 收发机射频前端大电流模块的持续工作，Chirp-UWB 射频前端的占空比间歇操作模式，能够减少收发机功耗，实现更高的能效。可以说 Chirp-UWB 的性能指标是 IR-UWB 和 FM-UWB 的折中。

1.3　UWB 在 WBAN/WPAN 及 BioMedical 上的应用

近些年来，无线通信技术在国内外医疗领域中有着广泛的应用，无线医疗设备应用发展迅速，医疗和通信的结合越发紧密；加上各种便携式无线设备的涌现，以及传感器技术的发展，人们开始把目光转移到以人为中心的小型网络。在此背景下，无线体域网[12]（Wireless Body Area Network，WBAN）应运而生。WBAN 是将数个放置在人体不同部位、功能不同的传感器以及便携式移动设备组成用于监控人的身体情况或提供其他无线应用的短距离通信网络，是一种医疗领域的无线应用。

图 1-7 给出了 WBAN 的应用示意。借助多型传感器，人体不同部位的生理特征（如体温、血压、血糖、心率、心电等）信息，通过 WBAN 传递到手机或 PAD 上，后者再通过手机网络（如 GSM、GPRS）或互联网将这些生理数据传送到远处的无线医疗终端设备上，供医生进行查询和诊断。

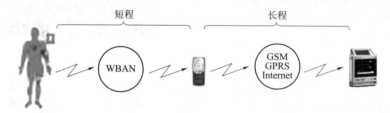

图 1-7　无线体域网的应用示意

随着智能家居、智能终端、智能环境的快速发展，用户各种外围设备逐渐增多，为了在有限多变的小范围办公和家居环境中，短距离、低成本、低功耗地实现多种设备间的无线无缝连接并进行信息共享，无线个人网[13]（Wireless Personal Area Network，WPAN）应运而生。

图 1-8 给出了 WPAN 的应用示意。围绕人体 10 m 范围内的各种无线终端，如便携式计算机、智能手机、智能电话、无线打印机、无线耳机等通过 WPAN 进行无线数据连接，实现信息共享互通。

全球人口老龄化现象日趋严重，慢性病的威胁和困扰日益增多，这些对医疗设备提出了可家用监护和护理的要求。医疗设备呈现便携式、穿戴式、植入式的发展趋势，使得患者在家中即可随时随意进行护理、诊断和治疗。带有无线收发功能的便携式医疗终端设备在家庭中进行体征信息的实时跟踪与检测，然后借助物联网或移动互联网远距离通信，实现医生对患者或者亚健康病人的实时诊断与健康提醒。这些都无疑推动了生物医疗电子的发展。

图 1-8　无线个人网的应用示意

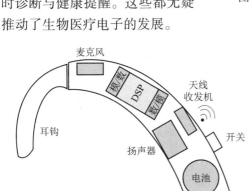

图 1-9　生物医疗电子系统的一个
典型应用示例——无线助听器[14]

图 1-9 给出了生物医疗（BioMedical）电子系统的一个典型应用示例——无线助听器。麦克风将进入耳道的声音信号转换为模拟电信号，再经模拟/数字转换器（ADC）得到数字电信号，数字信号处理（DSP）模块对数字电信号进行信号放大、噪声抑制等处理，经数字/模拟转换器（DAC）产生模拟电信号，最后由扬声器转换为声音信号来刺激鼓膜，产生听觉。无线通信模块集成射频收发机，实现耳间通信或与外在的音频源（如手机、电视、MP3 等）进行通信，满足使用者接听电话、享受多媒体信息的要求[14]。

上面阐述的 WBAN、WPAN 及生物医疗电子系统均需要无线通信技术或无线收发机，且要求它们具备短距离、低功耗、低成本特性，而对数据率不做任何要求。相比于常用的 Wi-Fi、Bluetooth、ZigBee、IrDA、RFID 等窄带无线通信技术，UWB 技术虽然牺牲了频谱利用率，但系统在调制与解调过程中对频率精准性的要求降低，因此可以采用更简单的收发机架构，实现较低的功耗。

基于最近几年半导体、微电子领域顶尖会议和顶级期刊公开发表的论文，图 1-10 给出了主流的短程无线通信技术收发机在功耗和数据率上的比较。可以发现，除低功耗蓝牙（BLE）外，窄带技术的功耗普遍在 10 mW 以上，而 UWB 技术更容易取得低于 5 mW 的功耗。

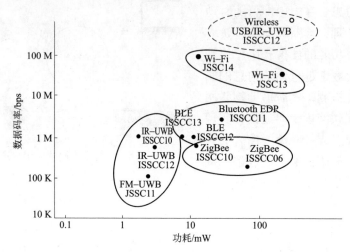

图 1-10　主流的短程无线通信技术收发机在功耗和数据率上的比较

UWB 所具有的下述特点，使得它很适合作为 WBAN、WPAN 及生物医疗电子系统的通信技术[15, 16]。

（1）极低的电磁辐射功率（-41.3 dBm/MHz，100 μW 数量级），对人体细胞组织无伤害。

（2）接收机不需要射频本振（LO），收发机架构简单。

（3）低功耗（功耗小于 5 mW），系统续航时间久。

（4）波长短，穿透性强，适合体内体外或狭小空间通信。

（5）发射功率低，信号不容易被侦听，个人隐私保密。

（6）抑制窄带干扰和多路衰减。

（7）能与其他窄带通信技术共存。

因此，IEEE 802.15 工作组把 UWB 列为 WPAN 使用的三大通信技术之一（另两个是 Bluetooth 和 ZigBee）；IEEE 802.15.6 小组已经把 UWB 列为 WBAN 通信技术的强有力竞争者。欧洲信息通信技术的 MELODY 和信息科学技术的 MAGNET 这两个大型项目都是针对 UWB 在 WBAN/WPAN 中的应用的。

1.4　FM-UWB 的优势

针对短距离、低成本、低功耗 UWB 应用，通常关注两种实现方式：脉冲无线电超宽带（IR-UWB）和超宽带调频（FM-UWB）。表 1-1 给出了这两种超宽带技术的性能比较，图 1-11 也给出了两者的发射频谱比较。

表 1-1　IR-UWB 和 FM-UWB 的性能比较

参　　数	IR-UWB	FM-UWB
能量传输效率	√	
高数据率	√	
发射机设计	√	√
接收机设计		√
射频频谱		√
天线设计		√

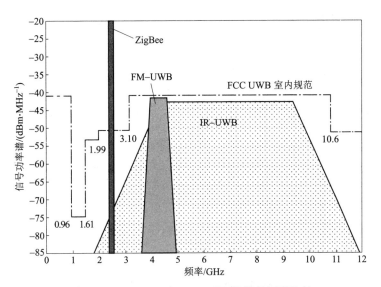

图 1-11　IR-UWB 和 FM-UWB 的发射频谱比较

脉冲无线电发送的是高阶高斯窄脉冲信号，不仅简化了发射机设计，而且使接收端无须射频本振；窄脉冲传输特性也使得发射机能工作在间隙操作模式下，因而发射端功耗很低。但也正是由于这个窄脉冲传输特性，使得发射机和接收机之间的射频载波同步变得很困难[5, 17]，需要复杂的基带处理，因而接收端的功耗是较大的；同时窄脉冲传输，也使得射频带宽很难控制，且峰值与平均功率的比值较高，天线设计变得复杂。

而 FM-UWB 则是利用双频率调制技术，发送的是常包络正弦波而非窄脉冲，频谱带内平坦而带沿陡峭，且峰值与平均功率的比值较低，因而它的射频带宽容易控制，天线设计简单；同时接收端无须射频本振，更不需要射频载波同步，不仅简化了接收机的设计，降低了接收端的功耗，而且收发机的同步简化到数据位同步，因而具有更快的同步速度。此外，双频率调制使得同一载波带下的多用户通信变得可行。这些都很好地避免了 IR-UWB 或其他 UWB 的不足。

FM-UWB 的如下优势，使其成为备受青睐的短距离、低速率、低功耗、低成本无线通信技术。

（1）接收机不需要射频载波同步，收发机的同步简化到数据位同步，因而具有更快的同步速度（对于 62.5 Kb/s 的数据率，同步时间小于 500 μs）。

（2）简化的接收机设计，使得收发机有更低的功耗（3 mW[6, 18, 19]）。

（3）宽松的相位噪声要求（-80 dBc/Hz @ 1 MHz 频偏[10]）。

（4）射频带宽容易控制。

（5）简易的超宽带天线设计。

（6）支持同一载波带下的多用户通信。

（7）极低的电磁辐射功率（-41.3 dBm/MHz，100 μW 数量级），对人体无伤害。

（8）穿透性强，适合体内体外或狭小空间通信。

（9）发射功率低，信号不容易被侦听，保密性好。

（10）抑制窄带干扰和多路衰减。

（11）与其他窄带通信技术共存。

■ 1.5 本书内容安排

图 1-12 给出了本书的内容组织安排。本书阐述了 FM-UWB 收发机的系统架构和工作原理，给出了发射机和接收机的完整设计；介绍了 FM-

UWB 众多模拟和射频子模块的电路实现；展示了多款 FM-UWB 收发机的设计实例及其测试结果，并给出了系统级的功耗优化方案。

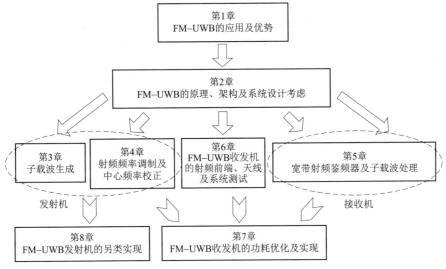

图 1-12　本书的内容组织安排

第 2 章阐述 FM-UWB 收发机的原理和架构，给出系统参数考虑及系统设计考虑，并详细介绍如何实现 FM-UWB 收发机的四大核心模块。

第 3 章阐述 FM-UWB 发射机核心模块——子载波生成；介绍基于小数分频型锁相环的子载波生成器及内嵌的多相三角波/方波振荡器的电路设计；最后给出芯片 I、II、III 的实现和测试结果。

第 4 章讨论 FM-UWB 发射机核心模块——射频频率调制及中心频率校正；介绍双通路射频压控振荡器和亚连续型中心频率实时校正的电路架构及实现；最后给出芯片 IV、V 的实现和测试结果。

第 5 章阐述 FM-UWB 接收机的两大核心模块——宽带射频鉴频器及子载波处理；比较和提出两种射频鉴频器的电路实现，详细阐述子载波处理各个子模块（滤波器、中频本振、下变频器、限幅器等）的设计；最后给出芯片 VI、VII 的实现及测试结果。

第 6 章讲解 FM-UWB 收发机射频前端模块和 UWB 天线，并给出收发机的系统级测试方案和测试结果；介绍发射端输出放大器和接收端预放大器的设计，并对封装引入的射频前端寄生效应进行建模；最后给出收发机系统的链路预算。

第 7 章从系统层面上阐述低功耗收发机设计，提出系统级功耗优化方案；重点介绍了发射端数据跳变检测和接收端包络检波的电路实现，详细解释了功耗优化的操作机理；最后给出了芯片Ⅷ的实现和测试结果。

为了拓展读者的思路，加深读者对 FM-UWB 技术的理解，第 8 章将阐述 FM-UWB 发射机的另类实现，作为全书内容的补充；它的原理和设计思想与第 3 章和第 4 章保持一致，只是具体实现方法有所不同。

FM-UWB 的原理、架构及
系统设计考虑

2.1　FM-UWB 的原理及收发机架构

图 2-1 给出了超宽带调频收发机的系统架构。发射机采用双频率调制技术：模拟 FSK 调制 + 射频调频。基带数据"0"和"1"经过模拟 2-FSK 调制转换成频率分别为 f_1 和 f_2 的模拟三角波序列，这一过程称为子载波生成；随后模拟三角波送到射频压控振荡器（VCO）的电压控制端，在 VCO 的幅度-频率转换增益的控制下，进行射频频率调制得到 UWB 信号，这一过程叫作射频调频（RF FM）；为了校正开环 VCO 的中心频率，引入射频中心频率校正电路。

接收机使用双频率解调技术：宽带射频 FM 解调 + FSK 解调。UWB 信号经过宽带射频鉴频器恢复模拟 FSK 子载波信息，此时解调出的模拟信号频率 f_1 代表基带数据"0"，而 f_2 代表"1"，该过程称为宽带 FM 解调，它无须射频载波，更无须载波同步；为了释放后续 FSK 解调的设计复杂度，被恢复的模拟中频 FSK 子载波信息经过下变频和限幅比较器后，转换成基频的数字 FSK 信息，并送到后续的数字 FSK 解调器中进行解调以恢复基带"0"和"1"数据，这个过程称为子载波处理（Subcarrier Processing，SCP）。

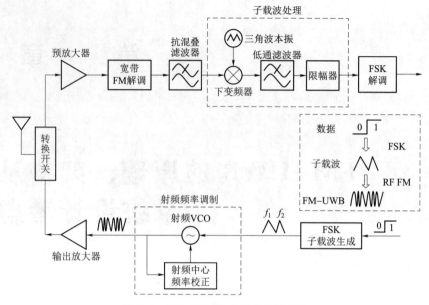

图 2-1　FM-UWB 收发机的系统架构

FM-UWB 收发机可以细分为 5 个子模块：发射端的子载波生成、带中心频率校正的射频频率调制、接收端的宽带射频鉴频器（FM 解调）、子载波处理以及射频前端（输出放大器、预放大器）。

2.2　FM-UWB 收发机子模块的实现

本书的第 3~6 章将分别介绍上述 5 个子模块的详细电路实现。考虑到 WBAN/WPAN 和医疗电子系统等低功耗应用，第 7 章将阐述 FM-UWB 系统级的功耗优化方案。为了拓展思路和加深对 FM-UWB 技术的理解，第 8 章将阐述发射端两个子模块的另类实现。本章简单概括一下前 4 个子模块的通用实现方法，以方便读者对后续章节的理解。

2.2.1　子载波生成

FSK 子载波生成的电路实现主要有三种方法：直接数字频率合成（DDFS）[20]、带有弛豫压控振荡器（Relax VCO）的小数分频型锁相环（frac - N PLL）[21, 22]、带有频率综合特性的高鲁棒性弛豫振荡器

(Relaxation Oscillator，Relax OSC)[23, 24]。

1. 基于 DDFS 的子载波生成

DDFS 的子载波生成，如图 2-2 所示。高斯滤波器平滑了数据"0"和"1"跳变沿，减少了子载波频谱的旁瓣泄漏；基带数据"0"和"1"对应不同的相位累加量 Δ_1 和 Δ_2，在累加器的总累加量固定的情况下，从而对应不同的锯齿波累加周期 $1/f_1$ 和 $1/f_2$；基于最高位异或逻辑的相位-幅度变换把离散的锯齿波转换成离散三角波后，经数模转换器（DAC）平滑滤波后得到想要的 2-FSK 子载波信息。

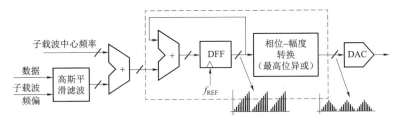

图 2-2　基于 DDFS 的子载波生成[20]

2. 基于 Relax VCO 内嵌型 frac-N PLL 的子载波生成

frac-N PLL[25-27]包括鉴频鉴相器（PFD）、电荷泵（CHP）、环路低通滤波器（LPF）、压控振荡器（VCO）、多模分频器（MMD）和小数型调制器（DSM 或累加器）。VCO 的输出频率 f_{VCO}，经分频器 N_{frac} 分频后得到的频率为 f_{div}，与参考信号频率 f_{REF} 在 PFD 中进行比较，输出的相位误差经电荷泵和环路低通滤波后转换为电压偏差以纠正 VCO 的输出频率。PLL 是一个相位负反馈系统，确保 f_{div} 与 f_{REF} 相等，即 PLL 输出频率满足式（2-1）。

$$f_{VCO} = N_{frac} f_{REF} \tag{2-1}$$

调节 PLL 的小数分频比 N_{frac}，可以控制 VCO 的输出频率；数据"0"和"1"映射成两个不同的小数分频比 $N_{frac,1}$ 和 $N_{frac,2}$，送往 PLL 的小数型调制器中，即可实现 2-FSK 调制，如图 2-3 所示。为了得到三角波型子载波输出，使用基于定时电容和恒流充放电的摆率控制型 Relax VCO[28, 29]。

Relax VCO 借助交叉耦合结构和摆率（Slew Rate，SR）控制，可以得到两相三角波和方波输出；关于它的电路实现和工作原理，请参考下面。

3. 基于高鲁棒性 Relax OSC 的子载波生成

传统的弛豫振荡器自身鲁棒性差，即振荡频率随工艺、电压和温度（PVT）的变化而变化，不能单独用于子载波生成，必须内置在一个闭环

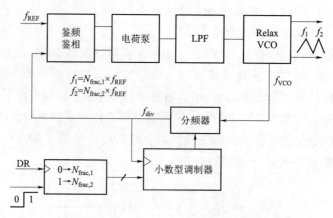

图 2-3　基于 frac-N PLL 的子载波生成

环路如 PLL 中。下面介绍一种高鲁棒性的 Relax OSC，如图 2-4 所示，具有频率综合（FS）特性，可单独实现 FSK 子载波生成[23, 24]。

在开关 $M_1 \sim M_2$ 的作用下，电流镜 $M_{11} \sim M_{14}$ 对开关电容阵列 C_{OSC} 进行充电和放电。该充放电电流 I_{M11} 和 I_{M12} 来自开关电容型电压-电流（V-to-I）转换器，其等价电阻 R 由电容 C_{REF} 和两相非重叠时钟 f_{REF} 控制的开关 $S_1 \sim S_2$ 来实现。电容 $C_{F1} \sim C_{F3}$ 和电阻 $R_{F1} \sim R_{F2}$ 作为滤波元件，抑制时钟引入的开关纹波。内置的负反馈环路将节点 A 和 B 的电位嵌在 0 和 V_{SW} 之间，进而将 X 和 Y 点的电位限定在 $V_T+\Delta$ 和 V_T+V_{SW} 之间。这里 V_T 和 Δ 分别是 $M_1 \sim M_2$ 的阈值电压和过驱动电压。

设 $M_{11} \sim M_{12}$ 与 M_8 的尺寸比例为 K，则该振荡器的工作频率 f_{OSC} 如式（2-2）所示。考虑到 C_{OSC} 和 C_{REF} 的匹配设计，V_{REF} 和 V_{SW} 由带隙基准（Bandgap）提供，该 Relax OSC 具有高鲁棒性。基带 0/1 数据通过改变开关电容阵列 C_{OSC} 的大小来调节 f_{OSC}，实现 FS 功能，所以该振荡器可单独用作子载波生成。将节点 X 和 Y 的电压作差，可得到三角波输出；将节点 A 和 B 的电压作比较，可得到方波输出。

$$
\begin{aligned}
f_{OSC} &= \frac{I_{M11}/C_{OSC}}{2\left|(V_{SW}+V_T)-(V_T+\Delta)\right|} = \frac{KI_{M8}}{2(V_{SW}-\Delta)C_{OSC}} \\
&= \frac{KV_{REF}C_{REF}f_{REF}}{2(V_{SW}-\Delta)C_{OSC}} = \frac{K}{2}\frac{V_{REF}}{(V_{SW}-\Delta)}\frac{C_{REF}}{C_{OSC}}f_{REF} \\
&\approx \frac{K}{2}\frac{V_{REF}}{V_{SW}}\frac{C_{REF}}{C_{OSC}}f_{REF}
\end{aligned}
\tag{2-2}
$$

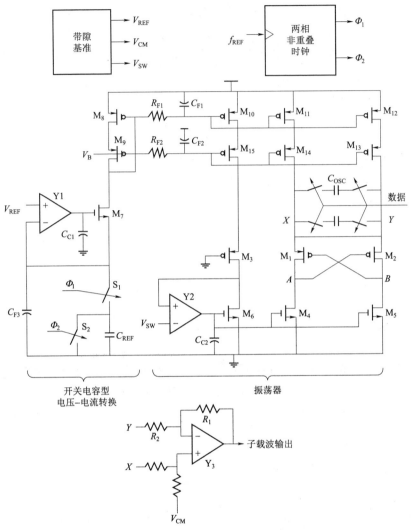

图 2-4 FS 内置的高鲁棒 Relax OSC 型子载波生成

4. 三种子载波生成方法的比较

DDFS 子载波生成通过控制相位累加器的累加步长来实现 FSK 调制,属于开环调制,子载波频率 f_1 和 f_2 的绝对精度与相对精度较高。但由于相位累加器的使用,需要比较高的过采样率(OSR),才能确保子载波无失真;那么在采样时钟受限的情况下,DDFS 无法适用于高数据率场合,其数据率一般小于 250 Kb/s。此外,DDFS 电路还需要 DAC,设计实现比较复杂。

PLL 子载波生成是通过控制小数分频比来实现 FSK 调制, 属于闭环调制, 因而子载波频率 f_1 和 f_2 的绝对精度与相对精度非常高, 具有很好的 2-FSK 调制性能。但由于环路带宽的限制, 无法适用于高数据率场合; 除非使用两点调谐型的 PLL (见 2.4.3 小节)。本书后续章节重点介绍基于 frac-N PLL 的子载波生成。

FS 内置的高鲁棒性弛豫振荡器适合高数据率应用, 且电路实现简单。但由于 Δ 的影响 [式 (2-2)], 子载波频率的绝对值存在偏差, 但相对精度仍然较高。对于 2-FSK 调制, 关心的是子载波频偏, 即 f_1 和 f_2 的相对差值, 而不是 f_1 和 f_2 自身的绝对值, 因而图 2-4 给出的子载波生成电路仍有一定的吸引力。

2.2.2 射频频率调制及中心频率校正

考虑到 FM-UWB 对相位噪声的要求很低 (-80 dBc/Hz @ 1 MHz 频偏)[10], 为了实现超宽带频谱, 射频频率调制常用高增益的射频 VCO 来实现; 在 VCO 的 (输入) 幅度-(输出) 频率转换增益的控制下, 将线性递增或递减的三角波幅度信息转换成连续变化的恒包络超宽带频率信息。射频 VCO 常用 LC VCO, 但在先进工艺如 65 nm CMOS 情况下, 也可以采用 Ring VCO (环形压控振荡器)。

开环工作的 VCO, 其中心频率会随 PVT 等环境参数改变而产生漂移, 为了纠正 UWB 频带的中心频率, 需引入中心频率校正模块。该校正模块有三种实现方法: 数字频率偏差预补偿[20]、自动频率校准 (AFC) 和锁频环 (FLL) 实时校正[30, 31]。

1. LC VCO 的结构及比较

图 2-5 给出了 LC VCO 的三种常用结构: NMOS 型、PMOS 型和互补型。互补型在对称性和输出幅度上有优势, 功耗较低, 并且能取得功耗和噪声优化的良好折中[32], 但是互补型使用了更多的有源器件, 导致相位噪声恶化。相比较 NMOS 型, PMOS 型相位噪声性能更好, 因为 PMOS 型负阻对管比 NMOS 型负阻对管有更低的闪烁噪声, 同时 PMOS 尾电流管也很好地抑制了电源线的噪声耦合。

从噪声上来说, PMOS 型好于 NMOS 型, 而 NMOS 型又好于互补型; 从功耗上来说, PMOS 型功耗最大, NMOS 型次之, 互补型功耗最小。考虑到 FM-UWB 系统对相位噪声的要求较低, 为了节省功耗, 推荐互补型结构。

电感电容谐振腔 (LC-tank) 的 Q 值 (品质因子) 对 VCO 的性能影响很

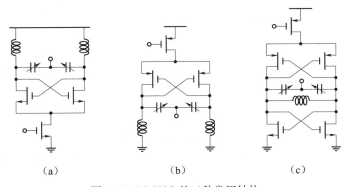

图 2-5　LC VCO 的三种常用结构

（a）NMOS 型；（b）PMOS 型；（c）互补型

大。但片上电感的 Q 值太低，一般只有 8~10；在工艺允许的情况下，尽量使用对称电感以提高 Q 值。变容管主要有 PN 结电容、反型 MOS 管和累积型 MOS 管[33]。PN 结电容虽有较好的线性度，但当谐振电压比较大时，PN 结可能正偏，增加了漏电流，恶化了 Q 值；与反型 MOS 管相比，累积型 MOS 管有更好的 Q 值和较大的 C_{max}/C_{min} 值，已成为设计中的首选。

LC VCO 的振荡原理：交叉耦合对管构成的负电阻小于 LC 谐振腔等效的并联寄生正电阻，也就是说负电阻提供的能量大于寄生正电阻消耗的能量，从而使 VCO 的正弦波输出幅度逐步放大，形成振荡。控制电压通过调节变容管的等效电容 C，从而实现对 LC 谐振频率的调谐。

2. LC VCO 的线性化技术

FM-UWB 利用射频 VCO 把三角波子载波的幅度信息转换为射频频率信息，从而实现 RF FM。为了提高频率调制的线性度和确保 UWB 频谱性能，这个幅度-频率转换过程（VCO 增益）最好是线性的。而 LC VCO 的增益却是非线性的，因为单端累积型 MOS 变容管的电压-电容曲线是非线性的。

为了提高 VCO 频率调制的线性度，常采用两种方法：差分调谐可变电容结构[33]、分布式偏置型可变电容结构[34]。

图 2-6 给出了基于差分变容管调谐的 LC VCO 结构。差分变容对管不仅很好地抑制了单端变容管引入的调谐非线性；而且差分调谐还能有效抑制电源电压的共模噪声，抑制尾电流管低频闪烁噪声产生的调幅-调频转换效应（AM-FM），提高振荡器的噪声性能。

图 2-7 给出了基于分布式偏置技术的 LC VCO 结构。基于单个偏置电

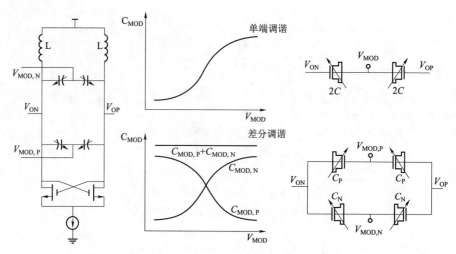

图 2-6   基于差分变容管调谐的 LC VCO 结构

压 V_{B1} 或 V_{B2} 的 VCO 调谐曲线是非线性的；但运用分布式（多组）偏置电压后，等价合成的调谐曲线其线性度明显优化。

考虑到射频调频的线性化和宽带宽要求，传统的分布式偏置技术不能使用，因为它恶化 VCO 增益或 FM 调制的带宽；传统的分段调谐技术也不能使用，因为它恶化 VCO 的调频线性度，甚至调频单调性。因此图 2-7 所示的 LC VCO 线性化技术在 FM-UWB 系统中不太适合。

3. Ring VCO 的结构及比较

常用的 Ring VCO 有三种结构，以三级环振为例，分别如图 2-8～图 2-10 所示。选择三级结构，是因为它具有高振荡频率、低电流消耗和低硬件代价等优势，尽管相位噪声性能较差，但这正好符合 FM-UWB 的低成本、低功耗和宽松的噪声要求等特性。

图 2-8 给出的三级环形压控振荡器在功能上类似于 RC 振荡器，具有慢充电和快放电特性，其振荡频率反比于 RC 时间常数。这里的 R 和 C 分别是节点（如 A 或 B 处）的等效电阻和寄生电容，工作在线性区的 MOS 管 M_5～M_{10} 实现了 R。在内置的负反馈操作下，M_5～M_{10} 的源、漏端有固定的压降（$V_{DD}-V_{REF}$），而其导通电流 I_B 又被控制电压 V_C 所调谐，因此 R 被 V_C 控制，进而振荡频率也被调节，这就是该型压控振荡器的工作原理[35, 36]。

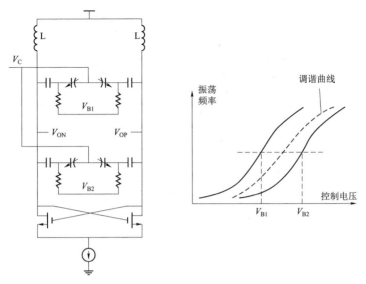

图 2-7　基于分布式偏置技术的 LC VCO 结构

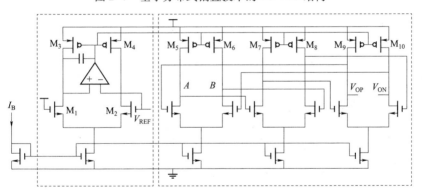

图 2-8　基于 RC 结构的 Ring VCO

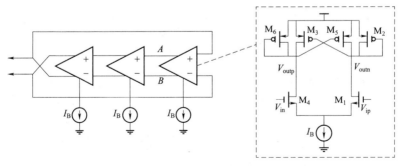

图 2-9　基于电流充放电结构的 Ring VCO

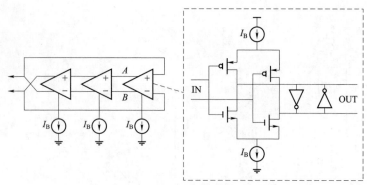

图 2-10　基于反相器链的 Ring VCO

图 2-9 给出的三级环形压控振荡器在功能上类似于电流充放电型振荡器，具有快充电和快放电特性；MOS 管 $M_1 \sim M_3$ 和 $M_4 \sim M_6$ 交替打开和关闭，分别给节点（如 A 或 B 处）的寄生电容 C 充电和放电。其振荡频率正比于压摆率，即 I_B/C；反比于节点的电压摆幅 $(V_T + \Delta)$，这里 V_T 和 Δ 是 M_2 或 M_6 的阈值电压和过驱动电压[35]。控制电压 V_C 调节充放电电流 I_B 来实现对振荡频率的控制。

图 2-10 给出的三级环形压控振荡器是利用反相器链构成的回路实现振荡；振荡频率反比于反相器自身的延迟；控制电压 V_C 通过调节反相器的推挽电流 I_B 来改变反相器的延迟，进而实现对振荡频率的控制。

上述三种 Ring VCO 结构，从功耗、振荡频率和低电源电压操作上考虑，反相器链型优于电流充放电型，而电流充放电型又优于 RC 型；但从振荡频率对 PVT 变化的鲁棒性上考虑，RC 型优于电流充放电型，而电流充放电型又优于反相器链型。

4. LC VCO 与 Ring VCO 的比较

LC VCO 是通过改变 LC 谐振腔中变容管的等效电容 C 来实现频率调谐的；而 Ring VCO 是通过控制导通电流或充放电电流或推挽电流 I_B 来实现频率调谐的。

LC VCO 振荡的本质是互耦对管构成的负电阻提供的能量大于 LC 谐振腔等效的并联电阻消耗的能量；而 Ring VCO 振荡的本质是其幅度和相位满足反馈型振荡器的启振条件。

从相位噪声、载频抖动（jitter）、高振荡频率和 PVT 鲁棒性看，LC VCO 优于 Ring VCO；从功耗、设计复杂度、高 VCO 增益（幅度-频率转换）、调谐范围和多相结构实现看，Ring VCO 优于 LC VCO。

5. 基于数字频率偏差预补偿的中心频率校正

图 2-11 给出了基于数字频率偏差预补偿的中心频率校正电路[20]。射频 VCO 首先工作在闭环情况下，当其中心频率为 f_C 时，PLL 负反馈使得 VCO 的输入控制电压保持在 $V_{CM}+\Delta_m$，频率偏移量 Δf_C 对应的模拟电压 Δ_m 经模数转换（ADC）后被保存在存储器（如 ROM）中；然后 VCO 工作在开环状态，保存在 ROM 中的频偏电压 Δ_m 经 DAC 后直接和共模电平为 V_{CM} 的子载波相加，二者之和被送往 VCO 中进行射频频率调制。如此，射频中心频率就维持在 f_C 上。

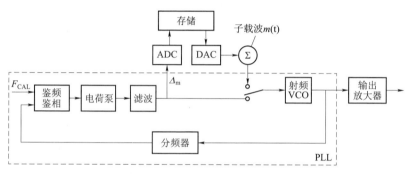

图 2-11　基于数字频率偏差预补偿的中心频率校正电路[20]

6. 基于 AFC 的中心频率校正

图 2-12 给出了基于 AFC 的中心频率校正电路。射频 VCO 首先工作在模式"1"，输入控制电压保持在 V_{CM}，AFC 采集振荡器的输出频率，经高频分频器分频后，在数字鉴频器（FD）中进行计数，与参考频率 F_{CAL} 进行比较，识别出振荡频率与中心频率 f_C 之间的误差，并控制逐次逼近逻辑（SAR）的 K 比特数字输出，后者通过开/关 Ring VCO 的权值电流源阵列（改变谐振电流）或权值电阻阵列（改变工作电压），从而反向调节振荡器的输出频率，使 VCO 在输入电压为 V_{CM} 时，其中心频率维持在 f_C 上。然后 VCO 工作在模式"2"，共模电平为 V_{CM} 的子载波接入 VCO，AFC 断开，但 K 比特数字校正位保持。如此，VCO 在进行射频调频时，其中心频率就维持在 f_C 上。

7. 基于 FLL 的中心频率实时校正

当射频 VCO 进行频率调制时，尽管其瞬时频率变化很快，但其平均值或者中心频率却变化缓慢，可以用一个频率负反馈环路如 FLL 去实时校正它。图 2-13 给出了基于 FLL 的中心频率实时校正电路。

它运用双通路射频 VCO（振荡频率同时受调制通路 V_{MOD} 和校正通路

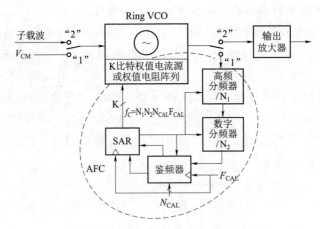

图 2-12　基于 AFC 的中心频率校正

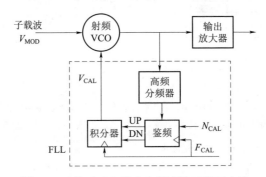

图 2-13　基于 FLL 的中心频率实时校正电路

V_{CAL}控制）和环路带宽很窄的 FLL，在实现快速调频的同时，进行慢速的中心频率校正。鉴频器采用时钟计数的方法检测中心频率偏差（在参考时钟 F_{CAL} 周期内，对高频输入时钟进行计数，并判断计数值与参考门限值 N_{CAL} 的大小），控制后续的积分器得到校正电压 V_{CAL}，后者调节 VCO 的校正通路，反向纠正中心频率偏差[30]。

　　VCO 的调制通路是快速开环结构，而校正通路是低速闭环结构；低速校正通路响应不了快速变化的调制信息，因此中心频率校正不受射频频率调制的影响；反过来，中心频率校正是载频平均值的缓慢变化，它也不会影响瞬时频率快速变化的射频频率调制；即 VCO 的射频调频通路和中心频率校正通路是互不干扰的。

　　为了降低 FLL 的功耗，引入亚连续操作模式[31]，使大电流高频分频器模块工作在低占空比的导通模式下，将连续的中心频率校正变成亚连续的中心频率校正。

8. 中心频率校正实现方法的比较

数字频率偏差预补偿方法的不足之处是明显的：① 需要太多的模块，如 ADC、DAC、ROM 和 PLL，不利于 CMOS 集成，且设计复杂、功耗大；② 需要在两种工作模式间进行切换，不可避免地引进了开关噪声；③ 先校正后调频，无法在 VCO 射频调频时进行中心频率的实时校正。

自动频率校正方法的好处：电路设计最简单，功耗最低，除高频分频器外，其他模块均可数字化实现。它可对 Ring VCO 和其他模块（如下文介绍的 BPF 和第 8 章介绍的子载波生成器）进行频率校正。但也有不足之处：① 需要在两种工作模式间进行切换，不可避免地引进了开关噪声；② 先校正后调频，无法在 VCO 射频调频时进行中心频率的实时校正，属于间歇式校正；③ 受制于 SAR 模块有限的位数，AFC 只能进行离散而非连续的频率校正；④ 对于 FM-UWB 系统，AFC 适合 Ring VCO 校正，不能用于 LC VCO 的校正，因为后者缺少分段调谐模块。关于 AFC 校正，本书第 8 章将有进一步的阐述。

FLL 实时校正方法的好处：① 设计较简单，功耗低，半数字化实现；② 无工作模式切换，避免了开关噪声；③ 在 VCO 射频调频时，能够进行中心频率的实时校正，而且是相对连续而非离散的频率校正。本书后续章节将重点介绍基于亚连续型 FLL 的中心频率实时校正电路。

2.2.3　宽带射频鉴频器

一般而言，对 FM 信号的解调，常用的方法有斜率鉴频、相位鉴频、脉冲计数器（对 FM 信号的过零点数进行门限判决）、锁相鉴频（利用 PLL 的调频特性来鉴频）[37]。但对于射频 FM 解调，只能用斜率鉴频和相位鉴频。

斜率鉴频：将等幅调频波的瞬时频率变化规律变换为调频波的振幅包络变化规律，即 FM 波变成 AM-FM 波，其包络反映调制信号；后续的包络检波器检测出所需的调制信号。

相位鉴频：将等幅调频波的瞬时频率变化规律变换为调频波的相位变化规律，即 FM 波变成 PM-FM 波，其相位反映调制信号；后续的相位检波器（乘法器）检测出所需的调制信号。

在电路实现上，斜率鉴频器由失谐回路（带通滤波器）+ 包络检波器来实现[19, 38]，相位鉴频器由延时器 + 乘法器来实现[39, 40]。

　　图 2-14 给出了基于带通滤波器（BPF）的射频鉴频器架构。它利用一个中心频率失谐的 BPF 的幅频特性 $K_1(\omega)$，把调制信号（子载波信号）对应的 FM 信号，映射成 BPF 输出的电压幅度，即 BPF 输出波形的包络代表了子载波调制信号，后续的包络检波器恢复该子载波信息。

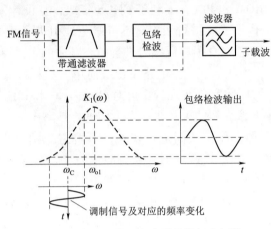

图 2-14　基于带通滤波器的射频鉴频器

　　图 2-15 给出了基于延时相乘的射频鉴频器架构，式（2-3）~式（2-5）给出了它的算法。当射频延时 τ 与 UWB 中心频率 f_c 满足图示的关系时，可实现对射频调频信号的解调。设调制信号（子载波信号）为 $\Omega(t)$，k 是调频系数，G 是乘法器增益，A 和 ϕ_0 是调频波（FM-UWB 信号）的振幅和起始相位，f_c 和 ω_c 是 FM-UWB 的中心（角）频率。调频信号 u_i 经过延时 τ 后变成调相信号 u_d。

$$u_i = A\cos\{[\omega_C + k\Omega(t)]t + \phi_0\} \tag{2-3}$$

$$\begin{aligned}u_d &= A\cos\{[\omega_C + k\Omega(t)](t-\tau) + \phi_0\}\\ &= A\cos\{[\omega_C + k\Omega(t)]t - [\omega_C + k\Omega(t)]\tau + \phi_0\}\end{aligned} \tag{2-4}$$

$$\begin{aligned}u_o &= Gu_iu_d = 0.5GA^2\cos\{[\omega_C + k\Omega(t)]\tau\}\\ &= 0.5GA^2\sin[k\Omega(t)\tau] \approx 0.5GA^2k\Omega(t)\tau \propto \Omega(t)\end{aligned} \tag{2-5}$$

2.2.4　子载波处理

　　子载波处理包括抗混叠滤波器（AAF）、三角波本振、下变频器（down-converter）、低通滤波器（LPF）和限幅器（比较器）。AAF 和 LPF 的目的是滤掉不想要的射频和中频谐波分量；下变频的目的是减轻后续

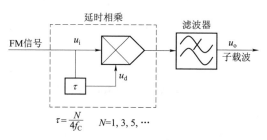

图 2-15　基于延时相乘的射频鉴频器

FSK 解调器在设计上的压力，因为对中频带通模拟子载波信号进行模拟 FSK 解调，其难度远高于对基频低通数字信号进行数字 FSK 解调；限幅器的作用是把低频模拟 FSK 子载波转成基带数字 FSK 信号。后续的数字 FSK 解调器基于过零点检测，在数据比特周期内通过识别过零点的个数来恢复 0/1 数据。

　　对于子载波频偏较小（f_1 和 f_2 差别不大）的情况，若只使用一路相位过零点检测，很难在一个比特周期内区别出数据 "0" 和 "1"（因为每比特周期内，二者的过零点数目相差很小），也很难抑制子载波的过零点抖动（jitter）。因此，对于子载波频偏较小的情况，常用四路过零点检测技术[20]，如图 2-16 所示。除了已有的正交相位 I 和 Q，额外的相位 I+Q、I-Q 也被利用了。如此，每比特周期内数据 0/1 的过零点数的差值就被放大了 4 倍，等效的子载波频偏就变大了，过零点抖动的影响也变小了，就很容易区别出基带数据 "0" 和 "1" 来。

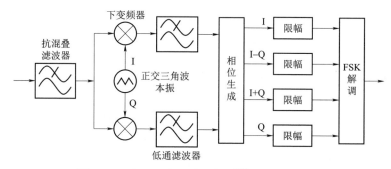

图 2-16　基于四路过零点检测[20]的子载波处理

但四路检测技术需要中频正交本振、两个正交下变频器及低通滤波器、模拟相位生成器（为了得到 I+Q 和 I-Q）、4 个限幅比较器；无疑增加了硬件代价和功耗，也增大了后续数字 FSK 解调器的设计难度。

2.3　FM-UWB 收发机的系统参数

设数据率为 DR，子载波的峰-峰电压幅度为 $V_{\text{tri,pp}}$，射频 VCO 的平均调制增益为 $K_{\text{VCO,FM}}$，子载波频偏为 Δf_{sub}，子载波中心频率为 f_{m}，子载波调制因子为 β_{sub}，子载波信号带宽为 B_{sub}，UWB 信号带宽为 B_{RF}，射频调制因子为 β_{RF}，即有

$$B_{\text{RF}} = K_{\text{VCO,FM}} V_{\text{tri,pp}} \tag{2-6}$$

$$\Delta f_{\text{sub}} = |f_1 - f_2| \tag{2-7}$$

$$f_{\text{m}} = 0.5(f_1 + f_2) \tag{2-8}$$

$$\beta_{\text{sub}} = \Delta f_{\text{sub}} / DR \tag{2-9}$$

$$\beta_{\text{RF}} = B_{\text{RF}} / (2f_{\text{m}}) \tag{2-10}$$

$$B_{\text{sub}} = (1 + \beta_{\text{sub}}) \times DR \tag{2-11}$$

发射端的输出功率 P_{TX} 与 UWB 信号带宽 B_{RF} 和功率谱密度 PSD（-41.3 dBm/MHz）有关，即

$$P_{\text{TX}} = -41.3 + 10 \lg\left(\frac{B_{\text{RF}}}{1 \text{ MHz}}\right) \tag{2-12}$$

考虑到空气传输的自由空间能量损耗 P_{loss}，假定收发机天线间的距离为 L，收发天线增益 P_{ant}，给定光速 c 和 UWB 中心频率 f_{C}，则接收端接收到的输入功率 P_{RX} 为

$$P_{\text{RX}} = P_{\text{TX}} + 2P_{\text{ant}} - P_{\text{loss}} = P_{\text{TX}} + 2P_{\text{ant}} - 20 \lg\left(\frac{4\pi L}{c/f_{\text{C}}}\right) \tag{2-13}$$

接收机的灵敏度 S_{RX}、接收端预放大器的噪声系数 NF_{LNA}、接收机射频信噪比 SNR_{RF}，需满足式（2-14），即

$$S_{\text{RX}} = 10 \lg (kT \times B_{\text{RF}}) + NF_{\text{LNA}} + SNR_{\text{RF}}$$

$$= -174 + 10 \lg B_{\text{RF}} + NF_{\text{LNA}} + SNR_{\text{RF}} \leqslant P_{\text{RX}} \tag{2-14}$$

接收机射频信噪比 SNR_{RF}，基带信噪比 SNR_{BB}，接收端处理增益 G_{P}，子载波信号带宽 B_{sub}，UWB 信号带宽 B_{RF}，满足条件为

$$G_{\text{P}} = 10 \lg\left(\frac{B_{\text{RF}}}{B_{\text{sub}}}\right) = 10 \lg\left[\frac{2\beta_{\text{RF}} f_{\text{m}}}{(1 + \beta_{\text{sub}}) DR}\right] \tag{2-15}$$

$$SNR_{RF} = SNR_{BB} - G_P \qquad (2-16)$$

根据数字通信原理，任何调制方式的信号，在最佳接收时，总有基带信噪比 SNR_{BB} 和位误码率 BER 之间的对应关系或曲线。BER 是 SNR_{BB}、SNR_{RF} 的互补误差函数（$erfc$），如式（2-17）所示，其直观关系如图 2-17 所示。此外，接收机在设计时，不可避免地会引入实现损耗，所以 SNR_{RF} 和 SNR_{BB} 指标要留够裕量。

$$BER = \frac{1}{2} erfc \left[\frac{0.5 B_{RF} SNR_{RF}^2}{(1+4SNR_{RF})\,(1+\beta_{sub})\,DR} \right] \approx \frac{1}{2} erfc \left[\frac{0.5 B_{RF} SNR_{RF}}{4\,(1+\beta_{sub})\,DR} \right]$$

$$= \frac{1}{2} erfc \left[\frac{B_{RF} SNR_{RF}}{8 B_{sub}} \right] = \frac{1}{2} erfc \left[\frac{G_P SNR_{RF}}{8} \right] = \frac{1}{2} erfc \left[\frac{SNR_{BB}}{8} \right] \qquad (2-17)$$

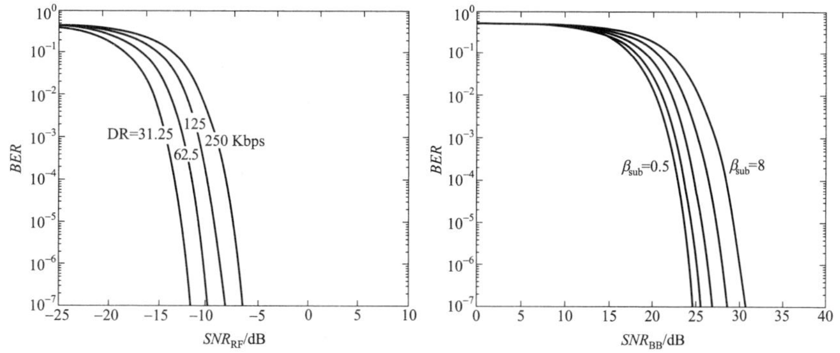

图 2-17　FM-UWB 接收机 BER 与 SNR 之间的关系[41]

2.4　FM-UWB 收发机的设计考虑

上面介绍了超宽带调频收发机四大子模块的实现方法，并给出了系统设计公式；下面给出不同场合下具体的设计考虑。

2.4.1　有限模和 Δ-Σ 的比较

基于小数分频型 PLL 的子载波生成，其小数调制器主要有两种结构：delta-sigma（Δ-Σ）modulator（DSM）[25,42] 和有限模（累加器）[43]。图 2-18 给出了这两种结构的小数分频型 PLL 所生成的子载波频谱。

Δ-Σ 形式有高的 FSK 调制精度和好的分数杂散（spur）；但引进了带外量化噪声，需要更高的系统时钟或者过采样率。有限模（如 3 位累

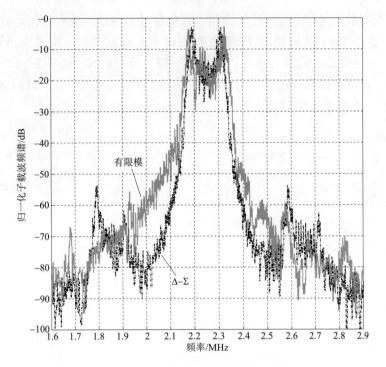

图 2-18 Δ-Σ 和有限模的性能比较

加器）形式虽有很少的带外量化噪声，且过采样率低；但引进了带内分数杂散。一般而言，对于低数据率（*DR*）应用，常选择 Δ-Σ 型小数分频 PLL。

2.4.2 多相与单相结构的比较

图 2-19 给出了四相结构和两相结构 PLL 所生成的子载波频谱。可以看出，多相结构等效增大了小数调制器的过采样率，减小了 PFD 输出的瞬态相位误差，更好地压制了带外噪声和带内杂散，因而有更好的 FSK 调制效果。但多相结构 PLL 对内嵌的 VCO 提出了很高的设计要求，需要多相三角波和方波输出的、相位误差很小的、弛豫型压控振荡器[44, 45]。一般而言，为了提高 FSK 性能，基于 PLL 的子载波生成尽量使用多相结构。

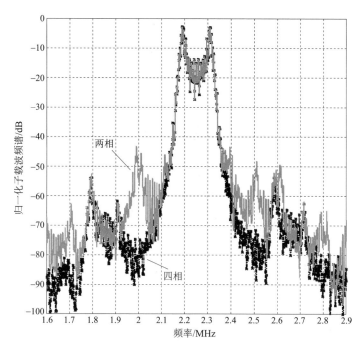

图 2-19 四相和两相结构的性能比较

2.4.3 高数据率实现

式（2-11）给出了子载波的信号带宽 B_{sub}，用作子载波生成的 PLL 带宽应与 B_{sub} 处在同一量级。图 2-20 给出了 PLL 带宽对子载波频谱的影响。窄的 PLL 带宽减少了电荷泵分数杂散和 DSM 量化噪声，有助于抑制子载波频谱的带外旁瓣；但是对输入数据的 0、1 转换有很慢的响应，恶化了带内 FSK 调制性能。宽的 PLL 带宽虽然确保了带内 FSK 调制性能，但恶化了相位噪声、分数杂散和带外频谱[31]。

当数据率 DR 较高时，B_{sub} 相应较大，要求 PLL 带宽也要相应增大，这无疑恶化了 PLL 的噪声和杂散性能。

为了实现高数据率应用，子载波生成可以使用图 2-4 所示的结构；也可采用图 2-21 所示的两点调谐型 PLL 结构。

与图 2-3 所示的针对低数据率的 PLL 型子载波生成相比，图 2-21 所示的针对高数据率的 PLL 型子载波生成，添加了额外的调制通路Ⅱ。

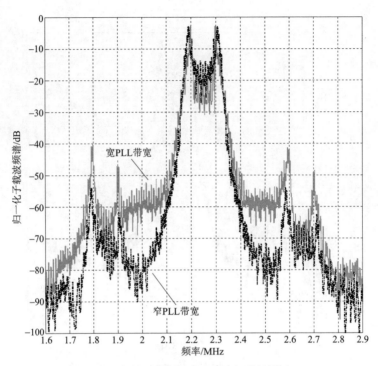

图 2-20 PLL 带宽对子载波频谱的影响

Relax VCO 的振荡频率不仅受通路 Ⅰ 的模拟输入电压调制,同时也受到通路 Ⅱ 的基带数据调制(通过开/关 Relax VCO 的二进制权值充放电电容阵列,如图 2-4 中的 C_{OSC}),即两点调谐[46]。通路 Ⅱ 的引入,大大缩短了 PLL 的建立时间。

举例来说,设子载波频率 $f_1 = 2.2$ MHz,$f_2 = 2.3$ MHz;图 2-3 中的 VCO 中心频率设定为 2.25 MHz,±50 kHz 的子载波频偏只能依靠 PLL 闭环调制通路 Ⅰ 来实现,因此数据率受限于 PLL 环路带宽。图 2-21 中的 VCO 在调制通路 Ⅱ 的作用下,直接开/关 Relax VCO 内部的谐振电容 C_{OSC} 阵列,振荡频率能在 2.2 MHz 和 2.3 MHz 间快速切换,PLL 只需很短的频率锁定时间;通路 Ⅰ 负责维持开环 VCO 的载波频率和确保相位噪声,通路 Ⅱ 对受限的通路 Ⅰ 带宽进行了补偿;因此数据率基本不受制于 PLL 环路带宽,有利于高数据率实现,同时确保较低的噪声性能。

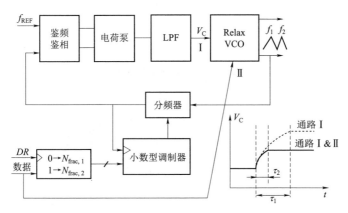

图 2-21　基于两点调谐型 frac-N PLL 的子载波生成

2.4.4　子载波波形选择及失真考虑

　　FM-UWB 的子载波波形选用三角波，既然子载波是由 Relax VCO 这一模拟方式产生的，则三角波波形必然存在轻微的非线性或失真，需要考虑三角波失真对 FM-UWB 的影响。图 2-22 给出了理想三角波和失真 20% 的三角波调制射频 VCO 后所产生的 UWB 频谱。20% 的失真使得带内功率谱轻微不平坦，轻微恶化了频谱效率；但是它并没有违反 UWB 的频谱掩膜，甚至优化了带外滚降特性。事实上，小于等于 5% 的三角波失真对 UWB 信号的带内平坦度和带外滚降特性影响甚微。

　　这里也引出另外一个问题，为什么要用三角波作为子载波波形，正弦波或其他波形行不行，既然正弦波的幅度也能调节射频 VCO 实现 UWB 信号，那么为什么不选择正弦波或其他波形呢？

　　图 2-23 给出了正弦波、三角波和双唇型波形作用于射频 VCO 所产生的 UWB 频谱[47]。可以看到双唇型的频谱特性最好，三角波次之，正弦波最差。我们知道，信号的能量主要集中在波形导数最小的地方，而在导数最大的地方能量偏低；也就是说，信号的导数变化范围越小，信号的能量分布越均匀，带内频谱特性越好。在图 2-23 中，可以看出正弦波的导数变化范围最大，而双唇形的导数变化范围最小。所以对于 UWB 生成，理论上双唇型子载波是首选，但由于双唇型波形很难生成，所以退而求其次，选择了三角波。这并不意味着正弦波作子载波不行，而是说如果选择正弦波，UWB 频谱特性不好。这些也从侧面解释了在图 2-22 中，20% 的三角波失真会导致带内功率谱有些不平坦的现象。

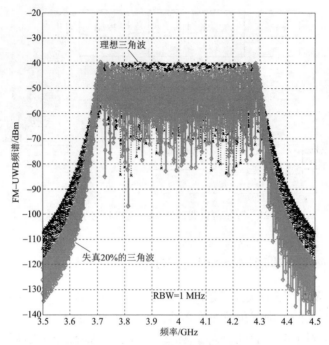

图 2-22　三角波失真对 UWB 频谱的影响

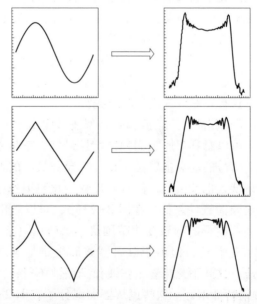

图 2-23　正弦波、三角波和双唇型波形的 UWB 频谱比较[47]

2.4.5　子载波调制因子的选择

如前所述，为了简化接收端子载波处理的电路实现，需要增大子载波频偏（f_1 和 f_2 之间的频率差），也就是提高子载波调制因子。图 2-24 给出了不同调制因子下的子载波频谱；可以看到高 β_{sub} 没有影响 FSK 调制性能。此外，第 7 章将阐述高 β_{sub} 也有利于收发机功耗优化方法的实现。

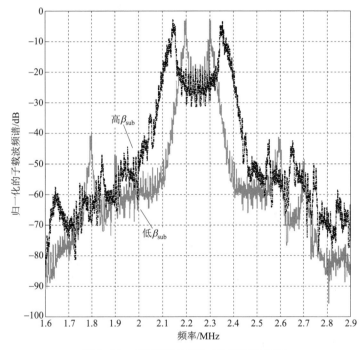

图 2-24　不同调制因子下的子载波频谱

但是从式（2-17）给出的位误码率（BER）和射频信噪比（SNR_{RF}）或基带信噪比（SNR_{BB}）的关系，或者从图 2-25 给出的 β_{sub} 对 BER 和 SNR_{BB} 的影响[10]，都可以看出：同样的 BER 要求下，高 β_{sub} 需要高的接收机射频信噪比或接收机基带信噪比。这就意味着在保持接收机灵敏度的前提下，高 β_{sub} 需要降低接收端预放大器的噪声系数；或者在保持噪声系数的前提下，高 β_{sub} 需要减少收发机之间的无线通信距离。

从简化子载波处理设计和降低系统功耗考虑，子载波调制因子越大越好；但从接收机灵敏度、噪声系数、信噪比等性能指标来看，子载波调制因子越小越好。折中考虑，本书给出的收发机系统所用的 β_{sub} 取值为 $1 \sim 8$。

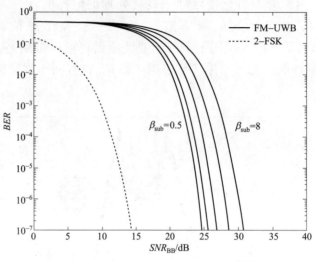

图 2-25　β_{sub} 对 BER 和 SNR_{BB} 的影响[10]

2.4.6　射频调制因子的选择

射频调制因子 β_{RF} 类似于模拟扩频系统中的扩展增益；理论上 β_{RF} 越大越好。低的 β_{RF} 不仅意味着接收端低的处理增益［式（2-15）］，而且意味着在一个三角波子载波周期内，反映三角波幅度信息变化的调频正弦波的有效个数减少了；因而恶化了射频调频和 UWB 频谱性能。图 2-26 给出了不同射频调制因子下的 FM-UWB 频谱。

由式（2-10）易知，为了实现高 β_{RF}，一是增大射频带宽 B_{RF}，二是降低子载波中心频率 f_m。考虑到 FM-UWB 对 VCO 的相位噪声要求很宽松（-80 dBc/MHz @ 1 MHz 频偏处），可用较高增益的 Ring VCO 取代较低增益的 LC VCO，以增大射频带宽。前面提到，多相 PLL 结构等效提高了小数调制器的过采样率，因而在相同过采样率的前提下，多相结构降低了 PLL 的输入参考时钟，相应地 PLL 的输出频率或子载波中心频率也会降低。

因此，对于高 β_{RF} 实现，子载波生成可选用多相 PLL 结构，射频 VCO 可选用环形结构。

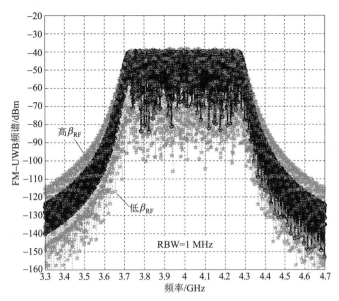

图 2-26　不同射频调制因子下的 FM-UWB 频谱

2.4.7　低功耗设计考虑

为了降低 FM-UWB 收发机的功耗，可从以下三方面着手：① 降低其四大子模块（子载波生成、射频调频及中心频率校正、射频鉴频器、子载波处理）和射频前端（发射端的输出放大器、接收端的预放大器）的功耗；② 从系统级上找到一个整体的功耗优化方案；③ 采用低电源电压的先进工艺，如 65 nm、40 nm CMOS。

1. 子载波生成：2-FSK 和 M-FSK

对于子载波生成，前述的三种实现方式都是基于 2-FSK 形式，事实上可以采用 M-FSK 形式，如 8-FSK。在后续射频调频和鉴频模块的设计复杂度和功耗基本不变的情况下，通过将子载波的调制方式从 2-FSK 提升至 8-FSK（采用 8 组相位累加量或 8 组小数分频比或 8 组 C_{OSC} 值），可以使每组码元通过在 8 种不同的子载波频率中选择一个的方式来区分 3 bit 的数据。那么就可以在码元速率（Symbol Rate）不变的情况下将比特速率提高 3 倍，从而使能量效率（J/bit）也提高 3 倍[46, 48]。

图 2-27 给出了基于 8-FSK 调制的 FM-UWB 发射机架构。基带 0/1 数据经过 3 bit 串并转换，去选择 8 组不同的小数分频比，控制后续 PLL 的小

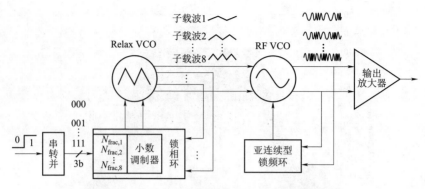

图 2-27　基于 8-FSK 调制的 FM-UWB 发射机架构

数型调制器，以产生 8 组不同频率的三角波子载波；后者经过射频调频得到同一带宽或频带下的 UWB 信号。接收端的射频鉴频器恢复出 8 路不同频率的子载波信息，分别代表 000~111；经过 8-FSK 解调和后续的 3 bit 并串转换，重建了基带 0/1 数据。

2. RF FM：低功耗射频 VCO 和亚连续校正模式

考虑到 FM-UWB 对相位噪声要求不高，且在先进工艺如 65 nm CMOS下，Ring VCO 在较低的功耗和满足相位噪声要求下，也能取得 4 GHz 以上的振荡频率；因此射频调频可用低功耗的 Ring VCO 取代较大功耗的 LC VCO 来实现。低功耗的中心频率校正可选用图 2-12 所示的间歇式操作的AFC 校正（校正模式"1"的工作时间远远小于调频模式"2"的工作时间）；或使用图 2-13 所示的 FLL 实时校正（引入亚连续操作模式降低大电流高频分频器的功耗，详见第 4 章）。

3. 宽带射频鉴频器：延时相乘和可再生结构

前面介绍的两款射频鉴频器实现方案中，可再生结构的好处是功耗很低、电路实现简单；缺点是牺牲了鲁棒性，信噪比（SNR）和位误码率（BER）等性能对 PVT 变化敏感，需要在射频鉴频器中添加校正电路以动态调节带通滤波器的中心频率。而延时相乘结构的好处是鲁棒性高，接收机性能参数对 PVT 变化不敏感；缺点是功耗大，高精确射频延时模块实现复杂。出于低功耗的应用考虑，射频鉴频器推荐可再生结构。

4. 子载波处理：高 β_{sub} 与单路过零点检测技术

为了降低接收端子载波处理电路的功耗，在满足接收机灵敏度、噪声系数和信噪比等指标的前提下，发射端的子载波生成在设计上，尽量选择较大的子载波调制因子 β_{sub}，即拉大子载波的频偏。如此，子载波处理电路就不需要采用图 2-16 所示的四路过零点检测技术，而可以考虑单路过零点检测技术（详见第 5 章）。

5. 射频前端模块：电流复用技术与 LC 网络整合

为了降低射频前端模块的功耗，考虑到 FM-UWB 信号是常包络信号，输出放大器可使用开关型功放或推挽形式的 AB 类功放；此外，考虑到 FM-UWB 的输出功率在 100 μW 级别，所以输出放大器的功耗会很小。而预放大器常使用电流复用型层叠结构，即预放大器的各级增益级以及内嵌的 Balun 在电源与地之间进行堆叠，使用同一贯通工作电流（详见第 6 章）。此外，将可再生型射频鉴频器的 BPF 集成到预放大器的 LC 选频网络中，即预放大器与射频鉴频器进行一体化整合设计，可进一步优化功耗。

6. 系统级功耗优化方案

借助数据边沿检测触发的动态功耗优化方法，即发射端使用数据跳变检测、接收端采用包络检波控制，使收发机的射频大电流模块（如 RF VCO、高频分频器、射频鉴频器等）工作在间歇操作模式下。

系统级功耗优化方案，将在本书第 7 章单独进行讨论，这里不再赘述。

2.4.8　可重构设计

这里讨论发射端子载波调制因子、UWB 中心频率和 UWB 带宽，以及接收端鉴频器的中心频率、子载波处理的本振频率和滤波截止频率，等参数的可配置设计。

1. 发射机的可重构考虑

子载波调制因子 β_{sub} 的选择既需要考虑子载波处理和系统级功耗优化的实现，又需要考虑接收端的信噪比、噪声系数、灵敏度等指标。在此情况下，设计可配置的 β_{sub} 就很有意义了。通过控制相位累加器的累加量或 PLL 的小数分频比或 Relax VCO 的开关电容阵列的电容值，可以很容易地调节子载波频率 f_1 和 f_2，进而实现 β_{sub} 的数字化配置。

由式（2-6）可知，在给定的 VCO 调制增益下，UWB 带宽正比于子载波的三角波峰-峰电压值或幅度。通过数字化调节 Relax VCO 输出的三角波幅度（在图 2-4 中，数字化调节电阻 R_1 与 R_2 的比值），可实现对射频带宽的配置。

UWB 中心频率通常由 AFC 或 FLL 等频率负反馈系统来校正，它们的核心模块是高频分频器（分频比为 K）和数字鉴频器。数字鉴频器的原理就是用高频输入时钟（f_C/K）通过计数的方式与低频参考时钟 F_{CAL} 进行比较，计数门限是 N_{CAL}；就是在 $1/F_{CAL}$ 周期内，计量 f_C/K 这一高频时钟的个数，看计数值是否等于 N_{CAL}。因此，校正的中心频率 f_C 满足式（2-18）。通过调节 FD 的计数门限 N_{CAL}，可实现 UWB 中心频率的数字化设置[31]。

$$f_C = K \times N_{CAL} \times F_{CAL} \tag{2-18}$$

2. 接收机的可重构考虑

要实现接收端鉴频器的中心频率可配置，对于图 2-14 所示的可再生结构，需要在 BPF 的 LC 谐振腔中添加二进制权值开关电容阵列（见第 5 章），数字化调节 BPF 的中心频率；对于图 2-15 所示的延时相乘结构，考虑到射频延时 τ 反比于中心频率 f_C，需要 τ 在一定范围内能连续精准调节，可使用第 5 章介绍的模拟相位内插型延迟线来实现射频延时的精确可调[49]。

考虑到子载波处理中，三角波本振的电路实现与发射端子载波生成的电路实现很类似，均是借助 Relax VCO 的开环或闭环结构；唯一的不同是三角波本振不再需要数字 2-FSK 调制功能或模块。因此，可通过控制相位累加器的累加量或 PLL 的小数分频比或 Relax VCO 的权值开关电容阵列，实现三角波本振频率的数字化配置。

图 2-16 所示的子载波处理电路中，抗混叠滤波器（AAF）和低通滤波器（LPF）均使用低通有源 RC 结构，它们的截止频率由滤波电阻 R 和滤波电容 C 的乘积决定。为了实现滤波器截止频率的可配置设计，需引入 RC 时间常数校正电路[50]（见第 5 章）。

2.5　本章小结

本章介绍了超宽带调频收发机的原理和架构；阐述了四大核心子模块的实现方法；给出了收发机系统参数的设计公式；从结构选择、子载波线性度、调制因子、低功耗、可配置性和高数据率等方面阐述了收发机的设计考虑。

本章是全书的总纲或总结，后续章节是该章内容的具体体现和拓展。

第**3**章

子载波生成

第 2 章介绍了 FSK 子载波生成的三种电路实现，即直接数字频率合成、小数分频型锁相环、带有频率综合特性的高鲁棒性 Relax OSC。本章将阐述基于小数分频型锁相环的子载波生成电路。

3.1 子载波生成的架构实现

图 3-1 给出了基于小数分频型 PLL 的子载波生成电路。基带数据 "0" 和 "1" 经过数字 2-FSK 调制后，送往小数调制器（DSM 或累加器）中，映射成两个可配置的小数分频比，进而控制 PLL，得到两个可配置的频率 f_1 和 f_2，从而实现模拟 FSK 调制；如式（3-1）所示。

$$f_1 = \left(N + \frac{N_{\text{frac},1}}{K} \right) \times f_{\text{REF}}, \quad f_2 = \left(N + \frac{N_{\text{frac},2}}{K} \right) \times f_{\text{REF}} \quad (3-1)$$

LPF 采用通用的三阶无源 RC 结构以提高分数杂散（spur）性能，因而该 PLL 是四阶 type-II 类型[26,27]。为了抑制电源和地噪声，PFD、电荷泵、滤波器和 VCO 均采用全差分结构。为了得到三角波子载波，用 Relax VCO 取代传统的 LC VCO 或 Ring VCO。

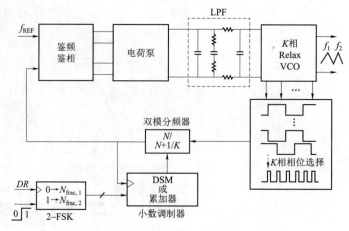

图 3-1　基于小数分频型 PLL 的子载波生成电路

Relax VCO 的 K 相方波输出经过数字型相位选择器后，得到 N 或 $N+1/K$ 的双模分频比。基带 0/1 数据借助 2-FSK 和小数调制器，控制双模分频器 N 分频和 $N+1/K$ 分频各自出现的概率。多相结构有利于压制 DSM 带外量化噪声和优化带内分数杂散，所以 K 越大越好。第 2 章提到较低的子载波中心频率有利于提高 UWB 性能，所以 N 越小越好。

基于 PLL 的子载波生成的设计示例：$f_{REF}=2\,\mathrm{MHz}$，$K=4$，$N=1$，$N_{frac,1}=0.4$，$N_{frac,2}=0.6$，PLL 带宽小于 200 kHz，子载波频率 $f_1=2.2\,\mathrm{MHz}$，$f_2=2.3\,\mathrm{MHz}$，DR 为 10~100 Kb/s。

3.2　子载波生成的电路实现

基于 PLL 的子载波生成主要包括鉴频鉴相器、电荷泵、Relax VCO、相位选择与双模分频器、小数调制器。

3.2.1　PFD

图 3-2 给出了鉴频鉴相器电路。采用静态 CMOS 架构，在参考时钟 f_{REF} 和反馈时钟 F_B 的下降沿进行相位的超前或滞后比较；具有工作范围大、分辨率高的特点。为了消除死区，在复位信号通路中添加了延时 τ 模块；但这限制了 PLL 的工作频率，延长了后续电荷泵的开启时间，恶化了带内噪声[51]；设计时应在满足电荷泵完全开启的前提下将延时 τ 最小化。

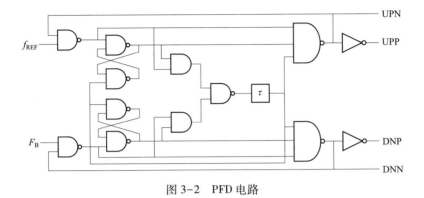

图 3-2　PFD 电路

3.2.2　电荷泵

在 PLL 中，电荷泵（Charge Pump，CHP）的重要性仅次于 VCO，分为单端和差分两种结构。PLL 带内杂散主要是由 PFD 时序不匹配、环路滤波器漏电流、电荷泵的静态及动态电流失配引起的[52]；其中电荷泵电流失配占的比重最大。增加电荷泵的电流不仅有助于改善电荷泵的噪声性能，还能减少衬底漏电所造成的杂散。因此，电荷泵的匹配设计和静态大电流选择对提高 PLL 杂散性能至关重要。

给定电荷泵的死区开启时间 Δt_{on}、电荷泵静态电流 I_{CP}、PLL 带宽 f_{BW}、电荷泵失调电流 ΔI_{CP}、PLL 环路分频比 N，则电荷泵失配所产生的分数杂散如式（3-2）所示。可见，小的 PLL 带宽和 PFD 死区时间，也有利于相位噪声和分数杂散。

$$P_{\text{spur}} = 10 \lg \left(f_{\text{BW}} \times N \times \pi \times \Delta t_{\text{on}} \times \frac{\Delta I_{\text{CP}}}{I_{\text{CP}}} \right)^2 \qquad (3-2)$$

1. 单端电荷泵

图 3-3 给出了三种常见的单端电荷泵结构。源极开关型[53]的优点是不存在峰值电流问题，有较快的开关切换速度，缺点是存在电荷共享问题；而有源放大器型[36]很好地解决了电荷共享问题，缺点是引入了额外的运算放大器；电流舵开关型[54]有最快的切换速度，适合高速应用，缺点是存在静态功耗。

2. 差分电荷泵

相比于单端结构，差分结构有更好的共模噪声和电源抖动抑制性，有较大的输出摆幅，对电荷泵电流失配不敏感，有更好的线性度；但是其噪声性能不如单端结构，而且存在静态功耗。

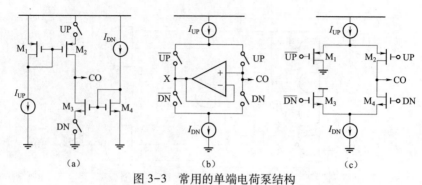

图 3-3 常用的单端电荷泵结构

（a）源极开关型；（b）带有源放大器型；（c）电流舵开关型

考虑到子载波生成更加关注分数杂散，而对噪声要求比较宽松，所以电荷泵选用差分结构，如图 3-4 所示。PFD 的输出通过控制开关管使得电流在两个支路间切换以实现差分充放电。差分电荷泵的输出需要共模反馈，将差分环路滤波器相应节点上的电压 V_{MP} 和 V_{MN} 通过线性电阻共模负反馈形式馈通到充放电干路中，确保了电荷泵的输出共模电平维持在 V_{CM}。

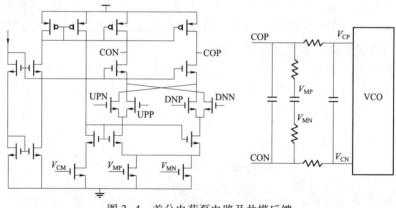

图 3-4 差分电荷泵电路及共模反馈

3.2.3 相位选择与双模分频器

相位选择器是 K 相输入、单比特输出的简单数字逻辑；K 路输入时钟每来一个上升沿，就会在输出端产生一个窄脉冲。因此，在一个时钟周期内就产生了 K 个窄脉冲。这个窄脉冲序列送到双模分频器后，受到小数调制器的单比特输出位的控制；当控制位是"0"时，每 $N×K$ 个窄脉冲构成一个输出时钟，此时 VCO 输出时钟频率是分频器输出时钟频率的 N 倍；

而当控制位是"1"时，每 $N×K+1$ 个窄脉冲才构成一个输出时钟，此时 VCO 输出时钟频率是分频器输出时钟频率的 $(N×K+1)/K$ 倍。因此 K 相结构可以得到 N 或 $N+1/K$ 的双模分频比。

如果 K 相 VCO 的输出相位不匹配，则双模分频器的输出时钟就会有很大的时钟抖动，使得 PFD 和电荷泵产生很大的带内分数杂散，恶化了子载波性能，这是我们不希望看到的。因此，必须保证 Relax VCO 的多相输出有严格的相位匹配。

3.2.4　小数调制器

FSK 子载波生成，是通过改变 PLL 的小数分频比来实现的，而小数分频比的实现又是借助 DSM[25] 或累加器（有限模）来完成的。当 DSM 只有一阶时，它实际上就是累加器；而当累加器的位数很少时，就成了有限模调制器。因此，小数调制器的本质归根到底还是 DSM，其结构对 FSK 调制性能必然有一定的影响，需要对其进行分析。

1. 单环 DSM（SLDSM）和级联 DSM（MASH）

级联结构（MASH）稳定性好；由于其输出电平数比较多，导致 PFD 输出较大的瞬时相位误差，如图 3-5 所示，因而带内噪声性能不如单环结构，但带内分数杂散性能优于后者，如图 3-6 所示。

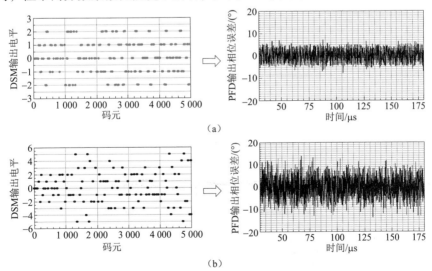

图 3-5　DSM 结构对 PLL 相位误差的影响

（a）四阶单环结构；（b）四阶级联结构

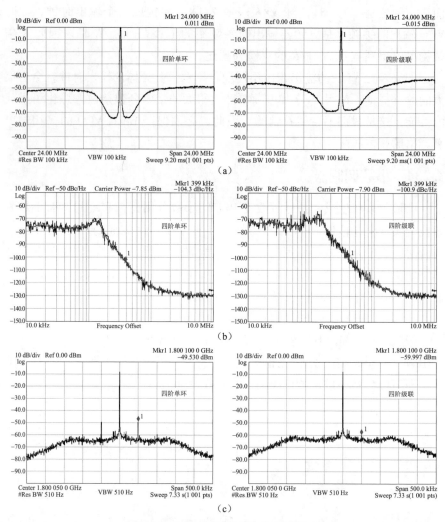

图 3-6　DSM 结构对 PLL 性能的影响

（a）分频器输出频谱（DSM 噪声整形）；

（b）PLL 相位噪声；（c）PLL 输出频谱（分数杂散）

　　单环结构（SLDSM）输出电平数相对较少，PFD 瞬时相位误差小，带内噪声性能好于级联结构；但带内杂散性能不如后者（K 阶 SLDSM 的杂散性能相当于 K-1 阶 MASH）；单环结构在实现 3 阶或 3 阶以上调制器时，稳定性变差，会制约其性能。

2. 多比特量化和单比特量化

单比特量化输出能很好地对接双模分频器；缺点是稳定性差，量化噪声大，为了避免其内置的累加器溢出，输入信号范围必然受限。多比特量化引入的量化噪声小，可以提高稳定性，增大输入范围；但无法对接双模分频器。

3. 适用于子载波生成的 DSM 结构

对于子载波生成，为了控制 N 或 $N+1/K$ 的双模分频器，DSM 必须选用单比特量化输出结构；折中考虑子载波的带内噪声和分数杂散性能，DSM 采用单环而非级联结构；考虑到 3 阶或 3 阶以上单环结构存在稳定性问题，这里选用 2 阶单环结构。

子载波生成使用的 DSM 调制器是 2 阶单环单比特量化输出结构，它的信号输入范围是 0.25~0.75，而不是满幅 0~1。通过合理设置子载波中心频率、子载波调制因子和子载波频偏，可确保 $N_{frac,1}$ 和 $N_{frac,2}$ 这两个被基带数据选择的小数在 DSM 的有效输入范围内。图 3-7 给出了 2 阶单环单比特量化的 DSM 结构框图，其信号传输函数（STF）和噪声传输函数（NTF）如式（3-3）所示。为了抑制 DSM 的带外量化噪声，在 NTF 的分母中引入 2 阶巴特沃斯（Butterworth）滤波。

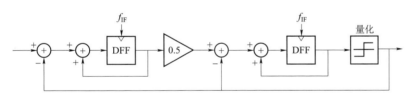

图 3-7 单比特量化的 2 阶单环 DSM 结构

$$STF = \frac{0.5z^{-2}}{1-z^{-1}+0.5z^{-2}}, \quad NTF = \frac{(1-z^{-1})^2}{1-z^{-1}+0.5z^{-2}} \tag{3-3}$$

3.3 子载波生成的核心模块——多相 Relax VCO

基于定时电容和恒流充放电的摆率控制型弛豫振荡器是产生三角波和方波的常用电路。借助交叉耦合（cross-couple）结构和摆率控制，可以得到两相三角波和方波输出。但要产生四相、八相或更高相输出，就需要在电路中做一些特殊处理了。

3.3.1　常见的两相结构

图 3-8 给出了 Relax VCO 的简单框图[29]。它使用交叉耦合开关管 $M_1 \sim M_2$ 构成 latch（锁存器）正反馈，确保恒定电流 I（流过 $M_5 \sim M_6$ 的电流）不断充放电定时电容 C_1，在其两端产生三角波。PMOS 管 $M_3 \sim M_4$ 工作在深线性电阻区，replica 反馈镜像单元钳制三角波的摆幅 V_{SW}。节点 A、B 处产生方波输出，高电平为 V_{DD}，低电平为 $V_{DD}-V_{SW}$；节点 X、Y 处产生差分三角波，峰-峰值为 $2V_{SW}$。三角波和方波的振荡周期为

$$T = \frac{4C_1 V_{SW}}{I} \tag{3-4}$$

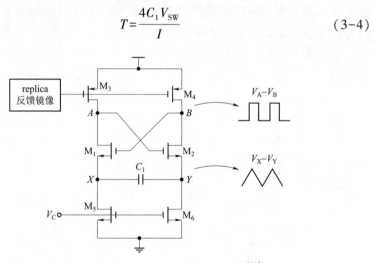

图 3-8　常用的两相三角波和方波振荡器[29]

单端控制电压 V_C 或差分控制电压 $V_{CP}-V_{CN}$ 通过调节充放电电流 I 进而改变振荡频率，实现 VCO 的幅度-频率转换功能。VCO 的中心频率调节可通过改变电容 C_1 或摆幅 V_{SW} 来实现；一般而言，采用权值开关电容阵列取代 C_1 进行中心频率的粗调谐，通过调节 V_{SW} 实现中心频率的细调谐。

图 3-9 给出了两相三角波和方波发生器的具体电路实现。V-to-I 产生充放电电流，完成 VCO 的幅度-频率转换功能。运算放大器 Y_1 和 MOS 管 M_3、$M_6 \sim M_8$ 组成 replica 反馈镜像单元，钳制 A、B 点的方波电压摆幅在 0 和 V_{SW} 间，进而限制 X、Y 点的三角波摆幅在 $V_T+\Delta$ 和 $V_{SW}+V_T$ 间。这里 V_T 和 Δ 分别是 $M_1 \sim M_2$ 的阈值电压和过驱动电压。VCO 的输出级引入可变增益控制，调节三角波的峰-峰电压值，实现 UWB 带宽的可配置。

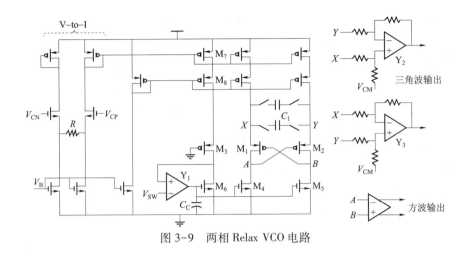

图 3-9　两相 Relax VCO 电路

3.3.2　新型的四相结构

图 3-10 给出了新型的四相弛豫振荡器的单端实现框图和时序图。利用交叉耦合连接形式的共模比较器提供相位时序，依次去控制两级级联的恒流电容充放电模块，以闭环的结构得到四相三角波和方波输出[44]；取得了很好的相位匹配、小的三角波失真、高的 VCO 调制线性度、宽的调谐范围和低的相位噪声。

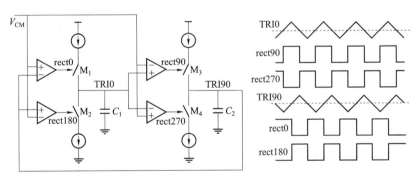

图 3-10　新型的四相 Relax OSC 的单端实现框图和时序图

上电时假定开关 M_1 导通 M_2 断开，则电容 C_1 开始充电；当 C_1 节点电压超过比较器共模电平 V_{CM} 时，开关 M_3 导通 M_4 断开，电容 C_2 开始充电。1/4 周期后，C_2 节点电压超过 V_{CM}，导致 M_1 断开 M_2 导通，电容 C_1 开始放电；再过 1/4 周期后，C_2 也开始放电。如此反复，交叉耦合连接形式的共模比较器有序地控制了开关 $M_1 \sim M_4$ 的导通或关闭，负反馈形式的两级级联电流充放电在比较器的序列控制下，就会在比较器的输出端产生四相方波，在电容的充放电节点产生正交三角波。

为了解决单端结构在电源噪声耦合、电容底板寄生效应、三角波摆幅受限、非线性 VCO 增益等方面的不足，图 3-11 给出了四相（正交）Relax VCO 的全差分电路实现。电流镜 $M_7 \sim M_{10}$ 在开关 $M_1 \sim M_4$ 的控制下，对电容 C_1 和 C_2 进行充放电；共模电平 V_{CM} 由 M_5 和 M_6 管组成的 half-replica 偏置提供；交叉连接的比较器提供的序列开关确保了相位正交操作。输出端的运算放大器内嵌 class-AB 驱动级，设置成电压并联负反馈形式，闭环增益可调，以得到峰-峰电压值可变的三角波。

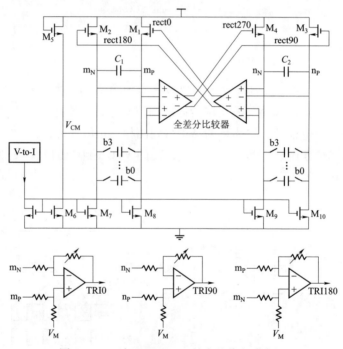

图 3-11　四相 Relax VCO 的全差分电路实现

电容节点处的电压摆幅 $V_{SW} = 2V_{CM}$，代入式（3-4），可知四相 VCO 的振荡周期如式（3-5）所示；数字控制字 b3~0 通过控制开关电容阵列 C_{SW} 来调节 VCO 的中心频率。

$$T = \frac{8(C_1 + C_{SW})V_{CM}}{I} \tag{3-5}$$

考虑到比较器存在传输延迟时间 t_p，而四相中的任一相位生成时，都有两个共模比较器参与其中，因此式（3-5）需要做修正，即

$$T = \frac{8(C_1 + C_{SW}) V_{CM}}{I} + 2t_p \qquad (3-6)$$

正交 Relax VCO 的增益如式（3-7）所示。要想得到高线性度的 VCO，必须提高全差分共模比较器的响应速度，即减少比较器的传输延迟时间 t_p。

$$K_{VCO} = \frac{1/T}{V_C} = \frac{I/V_C}{8(C_1 + C_{SW}) V_{CM} + 2t_p I} = \frac{1}{8R(C_1 + C_{SW}) V_{CM} + 2t_p V_C} \qquad (3-7)$$

假如上电瞬间，共模比较器的输出均为高电平或低电平的话，那么将没有充放电电流流过定时电容 $C_1 \sim C_2$，此时四相 Relax VCO 将不会工作，出现闩锁效应（latch-up）现象。为了避免这个问题，如图 3-12 所示，在全差分比较器的输出端添加上拉和下拉管形式的启动电路。该启动电路由 PMOS 管 $M_1 \sim M_3$、NMOS 管 M_4、反相器 INV 构成。当 rst 复位信号触发（低电平）时，全差分比较器无效，正输出端 V_{OP} 为高电平而负输出端 V_{ON} 为低电平，使得上电时 VCO 的开关管 M_1、M_4 导通而 M_2、M_3 关闭，避免了闩锁效应现象；而当 rst 信号无效（高电平）时，全差分比较器和 Relax VCO 开始正常工作。

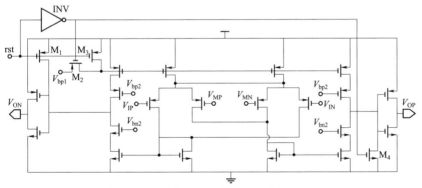

图 3-12　带有启动电路的全差分比较器

3.3.3　独特的八相结构

将两个正交的 Relax OSC 核进行级联，并用第一级 0° 和 90° 这两个三角波波形的交叉点（对应 45° 相移）去触发或开启第二级，这样第二级的四相就比第一级的四相在相位上整体后移了 45°，从而得到八相三角波和

方波输出[45]。依次类推，采用级联的方式，借助交叉点触发，可以得到 16 相或更高相的三角波和方波输出。

图 3-13~图 3-15 分别给出了八相弛豫振荡器的单端结构框图、时序图和全差分电路实现。图 3-15 中，第一级 0° 的三角波波形电压（m_P-m_N）与 90° 的三角波波形电压（n_P-n_N）通过全差分比较器进行过零点比较，产生 45° 的触发相位，以开启第二级的四相弛豫振荡器，从而实现八相输出。其他操作原理与四相类似，这里不再赘述。

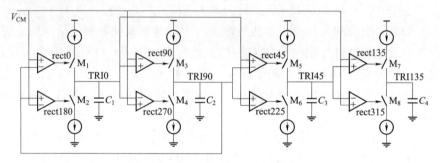

图 3-13　八相 Relax OSC 的单端结构框图

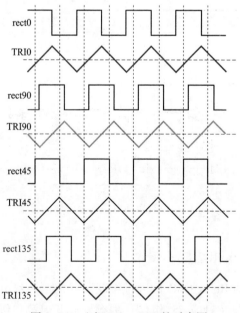

图 3-14　八相 Relax OSC 的时序图

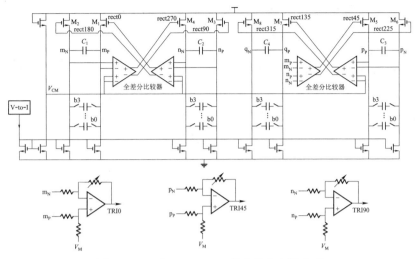

图 3-15 八相 Relax VCO 的全差分电路实现

3.4 带 Hybrid-FIR 滤波特性的子载波生成

图 3-1 所示的子载波生成电路，其小数调制器由 DSM 或累加器（有限模）实现；但 DSM 会引入带外量化噪声，累加器形成的有限模小数分频会导致分数杂散，这些都会恶化 PLL 的 FSK 调制性能。

为了抑制 DSM 量化噪声或累加器引入的分数杂散，可在子载波生成电路中添加 Hybrid-FIR 滤波技术[55,56]，用于衰减小数调制器输出的噪声或杂散，如图 3-16 所示。Hybrid-FIR 滤波器的传输函数 TF 和低通截止频率 f_{FIR} 分别如式（3-8）和式（3-9）所示。该 FIR 滤波器基于模拟和数字混合实现，这是称它为 Hybrid（混杂）的原因；其分子由 m 路并行的双模分频器、m 路并行的 PFD、m 路移位寄存器阵列［移位深度分别为 n，$2n$，$\cdots$，$(m-1)\,n$］构成，属于数字实现；而 m 相电荷泵实现 FIR 滤波器的分母或除 m 功能，属于模拟实现。一般情况下，Hybrid-FIR 滤波器的参数设置成 $n=1$、$m=8$。

$$TF_{FIR} = \frac{1+z^{-n}+z^{-2n}+z^{-3n}+\cdots+z^{-(m-1)n}}{m} \qquad (3-8)$$

$$f_{FIR} = \frac{f_{REF}}{mn} \qquad (3-9)$$

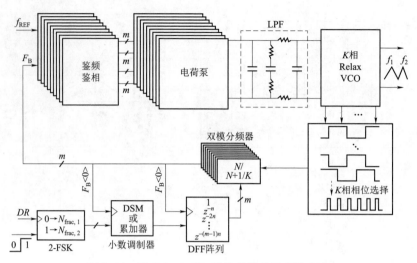

图 3-16　带 Hybrid-FIR 滤波特性的子载波生成

图 3-17 给出了八相全差分电荷泵的电路实现。由 8 个并联的支路构成，每一个支路的核心电路与图 3-4 所示的单相电荷泵电路完全一致；只是每一支路的电流是后者的 1/8，以实现 FIR 滤波器的除 8 功能。

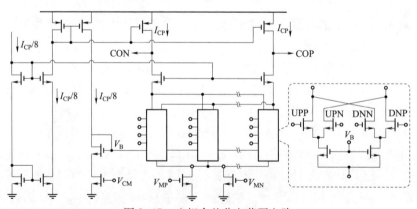

图 3-17　八相全差分电荷泵电路

需要注意的是：FIR 滤波器不仅能压制小数调制器的量化噪声或分数杂散，这是我们想要的；也会对小数调制器的单比特有效输出信号进行衰减，这无疑会影响生成的子载波频率 f_1 和 f_2，这当然不是我们想要的。因此，FIR 滤波器参数（n 和 m）在设计选择时，应考虑滤波截止频率尽量远大于基带数据率，即满足式（3-10）；如此，Hybrid-FIR 滤波器对有效

信号的衰减可忽略不计，不会影响子载波频率。即

$$f_{\text{FIR}} = \frac{f_{\text{REF}}}{mn} \gg DR \qquad (3-10)$$

带 FIR 滤波特性的子载波生成的设计示例：$f_{\text{REF}} = 24$ MHz，$K = 2$，$N = 2$，$n = 1$，$m = 8$，$N_{\text{frac},1} = 0$，$N_{\text{frac},2} = 0.5$，PLL 带宽小于 2 MHz，子载波频率 $f_1 = 48$ MHz，$f_2 = 54$ MHz，FIR 滤波截止频率为 3 MHz，小数调制器为 2 bit 累加器，数据率高达 $500\sim1\,000$ Kb/s。

3.5　测试结果

为了验证本章阐述的子载波生成电路和多相 Relax VCO 电路，采用 UMC 180 nm CMOS 工艺设计并流片了三款芯片，称为芯片Ⅰ、Ⅱ和Ⅲ。芯片Ⅰ和Ⅱ还包含 FM-UWB 发射机的射频频率调制和中心频率校正模块，这些将在第 4 章进行阐述。

芯片Ⅰ的子载波生成采用图 3-1 所示的四相 Δ-Σ 小数分频型 PLL 结构，支持 $10\sim100$ Kb/s 的数据率；内嵌的 Relax VCO 采用图 3-11 所示的结构；芯片Ⅰ的显微照片如图 3-18 所示，图中左半部分为子载波生成。

芯片Ⅱ的子载波生成采用图 3-16 所示的两相有限模（8 模，2 bit 累加器）小数分频型 PLL 结构，内嵌 Hybrid-FIR 滤波器（$n = 1$，$m = 8$），支持高达 500 Kb/s~1 Mb/s 的数据率；芯片显微照片如图 3-19 所示，图中右半部分为子载波生成。

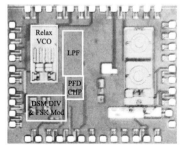

图 3-18　芯片Ⅰ的显微照片

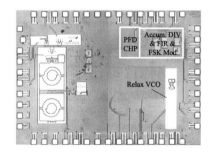

图 3-19　芯片Ⅱ的显微照片

芯片Ⅲ采用图 3-15 所示的 8 相 Relax VCO 结构；显微照片如图 3-20 所示，芯片有源面积 0.25 mm^2，功耗 2 mW（1.8 V 电源电压）。

3.5.1 FSK 子载波生成的测试结果

图 3-21 给出了芯片 I 的 Δ-
Σ 小数分频型 PLL 的相位噪声测
试结果，PLL 带宽为 60 kHz，在
100 kHz 和 1 MHz 频偏处，测量
的相位噪声分别是 −96 dBc/Hz
和 −121 dBc/Hz，满足 FM-UWB
系统的相位噪声要求（−80 dBc/
Hz @ 1 MHz 频偏）。图中无规律
的毛刺是由芯片过量的数字驱动
的开关状态切换引起的，合理的

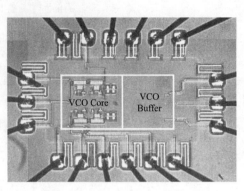

图 3-20　芯片 Ⅲ 的显微照片

数字驱动设计能很好地消除这些毛刺。当数据率是 10 Kb/s 和 100 Kb/s 时，设
计的 PLL 带宽分别是 50 kHz 和 150 kHz。

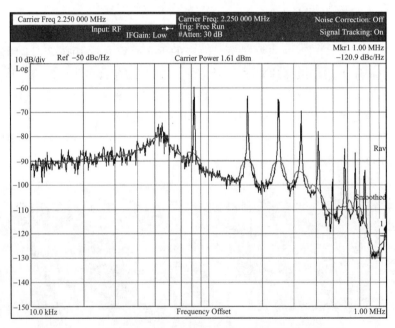

图 3-21　芯片 I 的 Δ-Σ 小数分频型 PLL 的相位噪声测试结果

图 3-22 给出了芯片 I 在 10 Kb/s 和 100 Kb/s 数据率下的 FSK 子载波
生成的测试频谱。±50 kHz 的子载波信息等能量地分布在 2.25 MHz 的中心

频率两侧；2.3 MHz 的三角波子载波代表基带数据 1，而 2.2 MHz 的三角波子载波代表基带数据 0。由于子载波是由小数分频型 PLL 生成的，所以，在子载波频谱里能看到 PLL 引入的分数杂散；多相（四相 Relax VCO）结构很好地抑制了这些分数杂散。

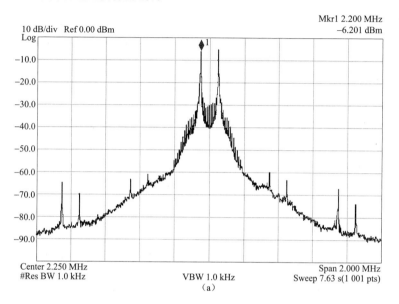

（a）

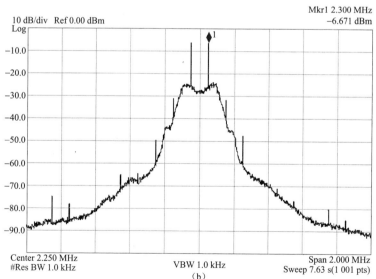

（b）

图 3-22　芯片 I 子载波生成的测试频谱

（a）10 Kb/s 数据率；（b）100 Kb/s 数据率

　　图 3-23 给出了芯片 Ⅱ 的有限模（8 模）小数分频型 PLL 的输出测试频谱。在 24 MHz 的时钟参考频率下，PLL 的分数杂散出现在 6 MHz 而非 3 MHz 频偏处，说明分数杂散是由 2/2.5 双模分频器的 4 模周期性（2 bit 累加器）操作引起的，而非由两相 VCO 的相位不匹配引起的，这也表明 Relax VCO 输出有很高的相位匹配。

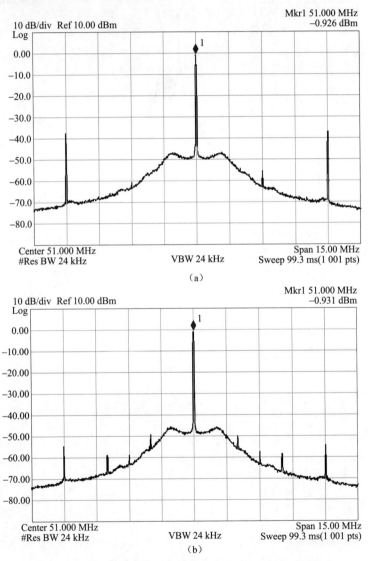

图 3-23　芯片 Ⅱ 的有限模小数分频型 PLL 的输出测试频谱

（a）Hybrid-FIR 关闭；（b）Hybrid-FIR 开启

　　没有 FIR 滤波的时候，6 MHz 频偏处的分数杂散是-38 dBc；当 FIR 滤波器开启时，分数杂散减少到-55 dBc。这表明当 Hybrid-FIR 滤波技术应用到芯片 II 的子载波生成时，能很好地压制有限模引入的分数杂散，提高模拟 FSK 调制的性能。当数据率是 500 Kb/s~1 Mb/s 时，设计的 PLL 带宽是 1.5 MHz。测量的 PLL 带内相位噪声是-90 dBc/Hz；在 PVT 波动下，相位噪声的变化小于 1 dB。

　　图 3-24 给出了芯片 II 在 500 Kb/s 和 1 Mb/s 数据率下 FSK 子载波生

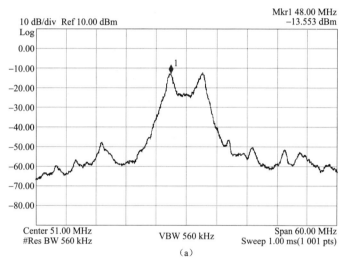

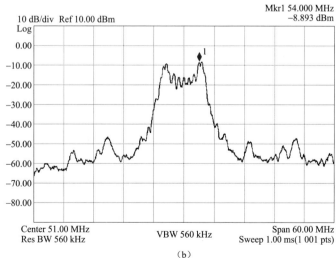

图 3-24　芯片 II 子载波生成的测试频谱

(a) 500 Kb/s 数据率；(b) 1 Mb/s 数据率

成的测试频谱。±3 MHz 的子载波信息等能量地分布在 51 MHz 的中心频率两侧；54 MHz 的三角波子载波代表基带数据 1，而 48 MHz 的三角波子载波代表基带数据 0。考虑到已有实现最高数据率只有 250 Kb/s，对于 1 Mb/s 的情况，已有实现只能借助四通路并联的方法取得[20, 57]。因此，芯片 Ⅱ 的子载波生成结构能支持的数据率，是已有结构的 4 倍以上。

3.5.2 多相 Relax VCO 的测试结果

图 3-25 给出了测量的 Relax VCO 的四相（芯片 Ⅰ 和 Ⅱ）和八相（芯片 Ⅲ）三角波输出，振荡频率分别为 2.25 MHz 和 7 MHz。相位间的失配小于 2%，不会给 PLL 和模拟 FSK 调制带入明显的分数杂散。由于全差分共模比较器的传输延迟，输出三角波存在小于 5% 的波形失真，这个不会影响 UWB 频谱特性。Relax VCO 的可变增益输出级，使三角波差分输出峰峰值在 1.4~2.2 V 的可调范围内，以实现 UWB 带宽的可配置。

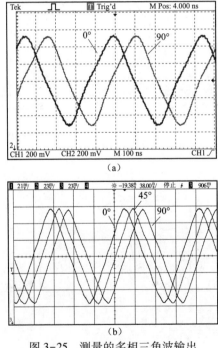

图 3-25　测量的多相三角波输出
(a) 四相 2.25 MHz；(b) 八相 7 MHz

图 3-26 给出了测量的 Relax VCO 调谐曲线，在数字权值开关电容阵

列的作用下，VCO 有高于 40% 的调谐范围。与 LC VCO 和 Ring VCO 不同，Relax VCO 有很好的增益线性度，而且增益正比于振荡频率。

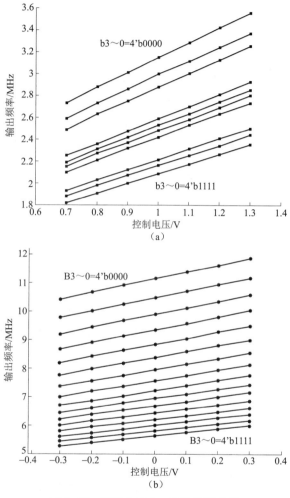

图 3-26　测量的 Relax VCO 调谐曲线

（a）四相结构；（b）八相结构

图 3-27 给出了测量的 Relax VCO 相位噪声。对于 2.25 MHz 的四相结构，在 100 kHz 和 1 MHz 频偏处，测量的相位噪声分别是 -99 dBc/Hz 和 -132 dBc/Hz；对于 7 MHz 的八相结构，在 100 kHz 和 1 MHz 频偏处，测量的相位噪声分别是 -87 dBc/Hz 和 -103 dBc/Hz。当 VCO 振荡频率改变时，相位噪声的变化小于 1 dB。

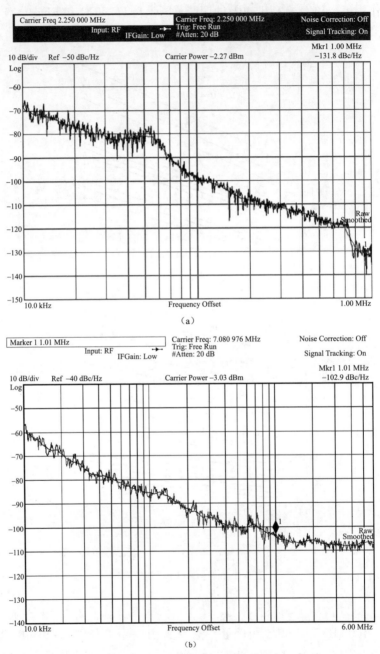

图 3-27 测量的 Relax VCO 相位噪声

(a) 四相 2.25 MHz;(b) 八相 7 MHz

3.6 本章小结

本章阐述了 FM-UWB 发射机核心模块——子载波生成的具体电路实现，借助多相小数分频型锁相环实现模拟 FSK 调制；重点介绍了产生多相三角波和方波的 Relax VCO 设计，以及 Hybrid-FIR 滤波技术；讲述了 PFD、CHP、DSM、相位选择和双模分频器的设计实现；最后给出了芯片验证及测试结果。

第 **4** 章

射频频率调制及中心频率校正

第 2 章介绍了基于 LC VCO 或 Ring VCO 的射频频率调制，讲解了中心频率校正的三种实现架构（数字频率偏差预补偿、AFC 间隙校正、FLL 实时校正）。本章将重点阐述基于双通路 LC VCO 的 RF FM 和基于亚连续型锁频环的中心频率实时校正电路。

4.1 射频频率调制

4.1.1 适合 RF FM 的 VCO 类型

常用的 VCO 包括 LC、Ring 和 Relax 三种，它们的结构和电路设计在第 2 章和第 3 章已进行过阐述。表 4-1 给出了这三种 VCO 的性能比较。尽管 Relax VCO 有很好的调制线性度，但它的低振荡频率和三角波载波特性却限制了它在射频频率调制中的应用。

表 4-1 LC、Ring 和 Relax VCO 的性能比较

参数	LC VCO	Ring VCO	Relax VCO
振荡频率	高	中	低
调谐范围	中	宽	窄

参数	LC VCO	Ring VCO	Relax VCO
相位噪声	优	劣	优
载频抖动	优	劣	优
多相结构	难	易	易
PVT 变化	不敏感	敏感	敏感
面积	大	小	小
功耗	大	中	小
线性度	差	很差	好
载波	正弦波	正弦波	三角波

对于低数据率应用，RF FM 首选 LC VCO，因为它有相位噪声、载频抖动（jitter）、振荡频率上的优势；而在高数据率应用且有先进制造工艺支持的情况下，可使用高增益、低功耗的 Ring VCO 取代低增益、高功耗的 LC VCO，以实现 RF FM。

相比较 Ring VCO，LC VCO 在实现射频调频时，有以下几点优势：

（1）更好的相位噪声和载频抖动；

（2）更高的振荡频率，对先进工艺的需求不大；

（3）相对较好的调制线性度。

4.1.2 LC VCO 的结构选择

图 2-5 给出了 LC VCO 的三种常用结构：NMOS 型、PMOS 型和互补型。互补型在对称性和输出幅度上有优势，并且能取得功耗和噪声优化的良好折中[32]；但是互补型使用了更多的有源器件，导致相位噪声的恶化。相比较 NMOS 型，PMOS 型相位噪声性能更好，因为 PMOS 型负阻对比 NMOS 型负阻对有更低的闪烁噪声，同时 PMOS 尾电流管也很好地抑制了电源线的噪声耦合。

FM-UWB 对 VCO 相位噪声的要求是比较宽松的，它更看重 VCO 的 FOM（Figure of Merit）值，即 VCO 在功耗 P_d、相位噪声 L 和调谐范围（f_H-f_L）上的折中[58]；出于这种考虑，互补型结构是首选。对于互补型结构而言，尾电流管是 PMOS 还是 NMOS，对性能影响不大。式（4-1）给出了 VCO 的 FOM 值计算公式；这里 f_c 和 Δf 分别是 VCO 的中心频率和频偏。

$$FOM = L(\Delta f) - 20\lg\left(\frac{f_C}{\Delta f}\right) - 20\lg\left(\frac{f_H - f_L}{f_C}\right) - 20 + 10\lg\left(\frac{P_d}{1\,\mathrm{mW}}\right) \qquad (4-1)$$

FM-UWB 大于 500 MHz 的带宽，对 VCO 的调谐范围有很高的要求。一般而言，实现宽调谐 VCO 有两种方法：一是增大 VCO 的增益，即变容管尺寸；二是采用数字分段调谐[59]，引入权值开关电容阵列。然而具体到 FM-UWB 系统，数字分段调谐却不能用，因为 VCO 的输出要在极短的时间（半个子载波周期）内覆盖很宽的频率范围（UWB 带宽），而分段调谐响应不了这一现象。所以，要实现宽调谐范围，只能增大 VCO 的增益。

FM-UWB 利用 VCO 把三角波子载波的幅度信息转换为射频频率信息，这个幅度-频率转换过程最好是线性的，而 LC VCO 的增益却是非线性的，因为单端累积型 MOS 管的电压-电容曲线是非线性的。提高 VCO 频率调制的线性度有两种方法：一是采用差分调谐可变电容结构，如图 2-6 所示；二是采用分布式偏置技术，如图 2-7 所示。然而考虑到 FM-UWB 需要 500 MHz 以上的超宽带频谱，在三角波峰-峰电压值受限的情况下，这要求 VCO 的调制增益满足百兆赫兹每伏。因此，LC VCO 传统结构中的隔直电容和电压偏置[59]等模块必须去掉，分布式偏置技术当然无法使用。所以，要确保 VCO 的调制线性度，只能使用差分调谐可变电容结构。

综上所述，FM-UWB 中的 LC VCO 应选择互补型、高增益、差分调谐可变电容结构，且不能含有电压偏置、数字分段调谐等模块。

4.1.3　RF FM 使用的 LC VCO 电路设计

图 4-1 给出了 FM-UWB 的射频频率调制所使用的 LC VCO 架构。互耦对 PMOS 管 $M_3 \sim M_4$ 和 NMOS 管 $M_5 \sim M_6$ 构成互补型负阻对管；电感 L 与差分形式的可变电容对管 C_{MODP}、C_{MODN} 一起构成 LC 谐振腔；LC VCO 振荡的本质是互耦对管构成的负电阻提供的能量大于 LC 谐振腔等效的并联电阻消耗的能量。PMOS 管 $M_1 \sim M_2$ 提供尾电流偏置；R_L 和 C_L 构成低通滤波器以抑制偏置电路扰动。

$M_3 \sim M_4$ 除了提供负阻，还充当混频器的角色；可将电流源引入的直流噪声或二次谐波噪声经上变频或下变频后搬移到振荡频率附近，影响 VCO 的相位噪声性能。为了减小二次谐波噪声的影响，一方面，将一个大电容 C_P 和电流源 M_2 并联，衰减二阶频率处的噪声；另一方面，在电流源和互耦对管的共源节点之间串联一个电感 L_S，该电感与共源节点的寄生电容 C_{par} 一起谐振在二倍载频处，从而提供一个二阶频率处的高阻抗，阻止二次谐

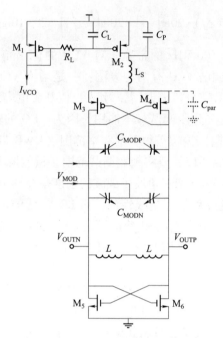

图 4-1　RF FM 使用的 LC VCO

波噪声进入 LC 谐振腔。

1. 电感的选取

一般来讲，LC 压控振荡器的噪声性能主要受片上电感的品质因子 Q 的限制。给定尾电流 I，根据 Rael 模型，LC 振荡器的相位噪声如式（4-2）所示[59]。这里 ω_0 是振荡中心频率，$\Delta\omega$ 是频偏。

$$L\{\Delta\omega\} = 10\lg \frac{2FkT}{(4I/\pi)^2} \times \frac{1}{LQ^3} \times \frac{\omega_0}{\Delta\omega^2} \tag{4-2}$$

可以看出，在尾电流一定时，选择 LQ^3 最大的电感可以使得振荡器的相位噪声性能最优。根据制造工艺的电感模型库，设计者可以计算出不同电感参数下的 LQ^3 值；以 UMC 180 nm 工艺为例，宽度 15 μm、直径 126 μm、匝数 3.5 的电感对应的 LQ^3 达到最大值，设计时可选用该型号的电感。LC 谐振回路的 Q 值主要由电感的 Q 值决定；当电感参数确定时，谐振回路的 Q 值就可以确定下来。

2. 负阻对管的尺寸

LC 谐振回路的等效并联电阻为 R_P，互补型负阻对管提供的负阻为

$-R_m$；LC VCO 振荡的本质要求 $R_m < R_P$；考虑到 PVT 鲁棒性，引入设计裕量 k（1.25~1.5）；则有式（4-3），这里 $g_{mn} = g_{mp}$ 是 $M_3 \sim M_6$ 的跨导。

$$R_P = \omega_0 L Q, R_m = \frac{2}{g_{mn} + g_{mp}}, \frac{k}{R_P} \leqslant \frac{1}{R_m}$$

$$\Rightarrow g_{mn} = g_{mp} \geqslant \frac{1.25 \sim 1.5}{\omega_0 L Q} \tag{4-3}$$

当负阻对管的跨导确定，而静态时流过负阻对管的电流也确定时，很容易得到 $M_3 \sim M_6$ 的沟道宽长比；而负阻对管的沟道长度往往取最小值，从而可以确定 $M_3 \sim M_6$ 的尺寸。

3. 可变电容管（变容管）的选取

若已知振荡器的频率调谐范围（f_{min}，f_{max}），由式（4-4），就能得到谐振腔总电容的变化范围（C_{min}，C_{max}）。

$$f_{max} = \frac{1}{2\pi\sqrt{LC_{min}}}, f_{min} = \frac{1}{2\pi\sqrt{LC_{max}}} \tag{4-4}$$

谐振腔总电容 C_{total} 包括：可变电容管的电容 C_{var}、电感的寄生电容 C_{LP}、VCO 输出级引入的负载电容 C_L、互补差分对管 NMOS 和 PMOS 的寄生电容（$C_{GS,n} + C_{GS,p} + C_{DB,n} + C_{DB,p} + 4C_{GD,n} + 4C_{GD,p}$）。因此，可变电容管的电容如公式（4-5）所示。根据谐振腔总电容的变化范围并考虑一定的设计余量之后，就能确定变容管电容的变化范围，进而确定变容管的尺寸。

$$C_{var} = C_{total} - (C_{LP} + C_{GS,n} + C_{GS,p} + C_{DB,n} + C_{DB,p} + 4C_{GD,n} + 4C_{GD,p} + C_L) \tag{4-5}$$

4. 尾电流管尺寸的选择

一般来讲，电流源晶体管的宽长比越大，相位噪声性能越好；而且随着尺寸的增加，栅面积也随之增加，可以降低电流源晶体管的 $1/f$ 噪声。但是，大尺寸的电流管在互耦节点（$M_3 \sim M_4$ 的共源节点）引入了大的寄生电容，给谐振回路带来了额外的损耗，降低了回路的品质因子，恶化了相位噪声性能，但这个影响可以被串联电感 L_s 削弱成屏蔽。设计时，尾电流管的尺寸最好通过仿真来优化。

4.2 射频中心频率校正及其设计考虑

当射频 VCO 进行频率调制时，尽管其瞬时频率变化很快，但其平均值或者中心频率却变化缓慢，完全可以用一个频率负反馈环路，如锁频环

（FLL），去实时校正它。

这里有一个问题，如何在实时校正中心频率的时候不影响射频频率调制？为了解决这个问题，显然射频 VCO 不能只有一个输入端或者说不能只有一个信号通路，它需要两个输入端或者双通路。那么使用双通路时，调制通路和校正通路如何才能互不干扰呢？调制通路是快速开环结构，而校正通路是低速闭环结构；低速校正通路响应不了快速变化的调制信息，因此中心频率校正不受射频频率调制的影响；反过来，中心频率校正是平均值的缓慢变化，它也不会影响射频调频这一瞬时值快速变化的情况。既然校正环路是实时校正，不像已有的方案工作在间歇操作模式，那么如何才能降低这个频率负反馈环路的功耗，使它在功耗上与已有方案可比呢？

因此，实时校正的关键点有三个：① 必须设计双通路射频 VCO；② 必须确保频率负反馈校正环路是低速的；③ 如何降低校正环路的功耗。第一点不难做到，在 LC VCO 中再添加一路可变电容管，或者在 Ring VCO 中再添加一路 V-to-I 转换器即可。第二点也容易做到，只需要降低频率负反馈环路的带宽即可。至于第三点，可行的方法是利用占空比（duty cycle）门控时钟，让校正环路工作在亚连续状态，把持续的平均值校正变成时间上断断续续但幅值上仍连续的平均值校正。那么亚连续工作模式下，频率负反馈环路或 FLL，还能像连续校正模式一样，确保中心频率的稳定吗？

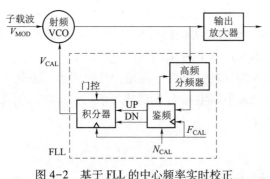

图 4-2　基于 FLL 的中心频率实时校正

从图 2-13 或图 4-2 可以看出，FLL 包括高频分频器、数字鉴频器和积分器，功耗主要来自高频分频器。门控时钟可以施加在高频分频器上；当高频分频器工作时，鉴频器和积分器也工作，FLL 进行校正；而当高频分频器不工作时，积分器的输出要保持不变，这时 VCO 的平均频率就锁存了，直到下一个门控时钟周期到来。换言之，亚连续操作时，中心频率处于校正、锁存、再校正、再锁存的循环过程中。这样，就能在确保中心频率实时校正的前提下，利用占空比门控时钟降低高频分频器的功耗，从而降低 FLL 环路的总功耗。

4.3 中心频率校正的电路实现

4.3.1 系统框图

基于上面的讨论，图 4-3 给出了基于亚连续型锁频环的中心频率校正电路[30,31]。分频器由高速的模拟 8 分频器和中速的数字 8 分频器组成，实现对中心频率 f_C 的 64 分频。鉴频器（FD）采用时钟计数的方法检测 f_C 偏差，即在参考时钟 F_{CAL} 周期内，对中频输入时钟 f_{CLK}（$f_C/64$）进行计数，并判断计数值与参考门限值 N_{CAL} 的大小，控制后续的积分器（由自加减双向计数器和 Δ-Σ DAC 组成）得到校正电压 V_{CAL}；后者调节 VCO 的校正通路，反向纠正 f_C 偏差。这是一个半数字型的频率负反馈环路，如图 4-3 右侧所示，f_C 的任何偏差都能通过这个负反馈得到纠正。

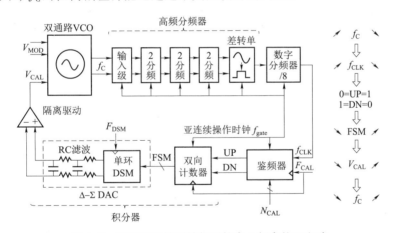

图 4-3 基于亚连续型锁频环的中心频率校正电路

环路带宽由 Δ-Σ DAC 的重建（RC）滤波器的 -3 dB 截止频率决定。由前面的分析可知，重建滤波器的截止频率要足够小，小到不能响应射频频率调制；但又不能太小，否则无法跟上 f_C 随电源电压和温度的漂移。在本书的设计中，FLL 的环路带宽或 -3 dB 截止频率在 300～1 000 Hz，由滤波器的 RC 时间常数决定。为了消除 LC VCO 可变电容管对 Δ-Σ DAC 馈入的 kickback 噪声，在电路中引入隔离驱动（Buffer）。亚连续门控时钟 f_{gate}，施加在大电流的高频分频器上，使之间歇操作以降低 FLL 环路的总功耗。

需要说明的是：Δ-Σ DAC 可使用差分结构（截止频率 1 kHz），抑制电源、地的共模噪声；也可使用单端结构（截止频率 300 Hz），缓解隔离缓冲驱动的设计要求。

4.3.2 高频分频器

高频分频器主要有动态分频器、注入锁定分频器[60]和电流模分频器三种结构。表 4-2 给出了三种高频分频器结构的性能比较。除了功耗之外，电流模（CML）分频器在速度、噪声、幅度、电路设计和应用上优势明显。既然中心频率校正环路引入了亚连续门控时钟，使得高频分频器处于间隙操作模式下，其等价的平均功耗大大降低，那么就无须在意电流模分频器自身相对较高的功耗了。因此，本书的高频分频器优先考虑电流模型。

表 4-2 高频分频器的性能比较

参数	动态分频器	注入锁定分频器	电流模分频器
速度	高	高	高
功耗	低	低	高
切换噪声	高	低	低
信号幅度	大	小	中
实现难度	中	难	易
应用范围	广泛	很少	广泛

图 4-4 给出了电流模型高频分频器的电路框图；它由多级除 2 子模块构成，每级除 2 模块都由两级锁存器（latch）交叉耦合连接而成；因其使用电流模逻辑实现闩锁，故而得名。每级除 2 子模块需要根据输入的速度和灵敏度各自在尺寸与功耗上做了逐级递减（scaling down）优化。为了提高噪声性能以及减少寄生电容，采用无源射频电阻作为负载。因为电流模分频器处理的是来自射频 VCO 的差分模拟输出，所以采用差分结构；但其后续的分频器却是中频的数字型单端分频器，因此电流模分频器的输出级包含差分到单端转换电路，实现差转单功能，把模拟的差分正弦波转成单

端方波，方便后续的数字分频器处理。

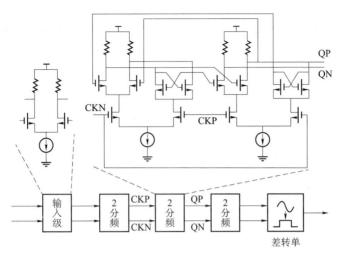

图 4-4　电流模型高频分频器的电路框图

图 4-5 给出了差分到单端转换电路。交叉耦合对管 M_6、M_7 构成正反馈，提高差转单的变换速度；为了提高压摆率，加大了 M_1 管的尾电流；为了补偿 NMOS 管 M_{11} 对 PMOS 管 M_9 的驱动能力优势，第一级输出管 M_{12} 和 M_{13} 组成的反相器的触发阈值要低于 $V_{DD}/2$；第一级输出管尽量选用较小尺寸，以减少 A 点寄生电容，提高转换速度；后续的第二、第三输出级采用大尺寸反相器进一步提高驱动能力，并采用独立电源以减少对差转单核心模块的电源耦合噪声[36]。

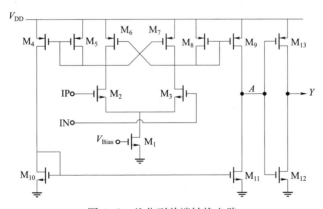

图 4-5　差分到单端转换电路

4.3.3　数字鉴频器

FD 采用数字计数的方法检测频率偏差，就是在低频参考时钟 F_{CAL} 周期内计量中频时钟 f_{CLK} 的个数，然后把这个计数值 cnt 与给定的参考门限值 N_{CAL} 进行比较，若 $cnt > N_{CAL}$，则后续的积分器减计数，降低校正电压 V_{CAL}，反之则 V_{CAL} 升高。理论上，FLL 负反馈系统确保了 $f_{CLK} = N_{CAL}F_{CAL}$。实际上，这种计数鉴频方式属于异步逻辑，计数可能存在 ±1 的偏差，因此导致中心频率存在校正误差。给定高频和数字分频器的总分频比 K，射频中心频率 f_C 满足式（4-6）；中心频率最大校正误差是 $±KF_{CAL}$；为了减少 f_C 的校正误差，尽可能最大化 N_{CAL}。

$$K(N_{CAL}-1)F_{CAL} \leqslant f_C = Kf_{CLK} \leqslant K(N_{CAL}+1)F_{CAL} \tag{4-6}$$

4.3.4　积分器

积分器的作用就是把射频中心频率偏差转换为模拟误差电压以控制 VCO 来校正频偏。前级的 FD 把中心频率偏差转换成单比特的码流，这是一个过采样的过程，也就是说在码流中，用数据 1 出现的概率偏离 0.5 的程度来代表中心频率偏差 f_C 的大小。当数据 1 出现时，积分器中的 8-bit 自加减计数器进行减计数，而当数据 0 出现时，计数器加计数。因此，中心频率偏离的程度就转换成计数器的有效计数值偏离 8′b10000000 的大小，这是一个降采样的过程。

后续的 Δ-Σ DAC 中，DSM 采用两阶单环单比特量化结构，如图 3-7 所示；用过采样的方式把包含中心频率偏离信息的 8-bit 计数值转成单比特码流，经过重建滤波器降采样处理后，得到调谐电压 V_{CAL}。V_{CAL} 偏离 $V_{DD}/2$ 的大小就反映了中心频率偏离 f_C 的程度，并且 V_{CAL} 的偏离方向和中心频率的偏离方向是相反的，V_{CAL} 作用于 VCO 就反向校正了 f_C 的偏离。中心频率的偏移量 Δf_C、VCO 的校正增益 $K_{VCO,CAL}$、校正电压偏移量 ΔV_{CAL} 和双向计数器的计数值偏移量 Δ_{cnt} 之间，满足的公式为

$$\Delta V_{CAL} = \frac{\Delta f_C}{K_{VCO,CAL}} \tag{4-7}$$

$$\Delta_{cnt} = -\frac{\Delta f_C}{K_{VCO,CAL} V_{DD}} \times 2^8 \tag{4-8}$$

$$\frac{\Delta V_{CAL}}{V_{DD}} = -\frac{\Delta_{cnt}}{2^8} \tag{4-9}$$

考虑到单环 DSM 有受限的输入范围 0.25~0.75，在双向计数器中限制了计数范围。当计算值等于 8′b11000000 时，计数器不再加计数；当计算值等于 8′b01000000 时，计数器不再减计数。因此，合理的 Δ_{cnt} 取值范围是 -64~64；由式（4-8），要想确保中心频率稳定，中心频率频偏 Δf_C 需满足

$$-\frac{V_{DD}}{4}K_{VCO,CAL} \leqslant \Delta f_C \leqslant \frac{V_{DD}}{4}K_{VCO,CAL} \qquad (4-10)$$

4.3.5　亚连续操作

为了降低 FLL 环路尤其是电流模高频分频器的功耗，FLL 引入占空比亚连续操作模式。门控时钟使高频分频器（通过开/关尾电流源）和数字鉴频器（通过控制时钟信号）处于间歇操作；当门控时钟为高电平时，高频分频器和鉴频器工作，积分器进行中心频率校正；当控制时钟为低电平时，高频分频器和鉴频器不工作，积分器的计数值保持不变，因此 V_{CAL} 保持不变，从而 VCO 的中心频率就被锁存了，直到下一个周期门控时钟再次为高，FLL 才正常工作，V_{CAL} 才再次解锁并继续校正。

图 4-6 给出了 FLL 环路在连续和亚连续模式下 V_{CAL} 的锁定过程。当占空比为 10% 时，左图的连续校正模式变成了右图的 10% 校正+90% 锁存的周期性间歇校正模式；环路锁定时间增大 10 倍，但锁定趋势和最终的锁定状态没有变化，而功耗减少为原来的 1/10。可见，亚连续操作模式没有影响 FLL 的中心频率校正功能。

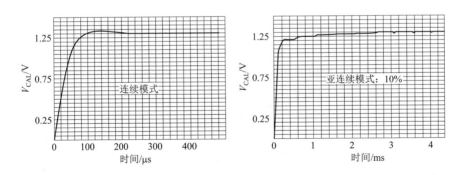

图 4-6　FLL 在连续与亚连续校正模式下的锁定过程

4.3.6 时钟频率的选择

图 4-3 所示的 FLL 环路有三路时钟，即 DSM 过采样时钟 F_{DSM}、FD 输入参考时钟 F_{CAL} 以及亚连续门控时钟 f_{gate}。如何确定这三个时钟的频率呢？设门控时钟的占空比为 D（$0 < D < 1$），FLL 环路带宽或截止频率为 f_{RC}。

为了保证亚连续操作模式，需要满足以下两点：一是重建滤波器的 RC 时间常数要大于 CML 高频分频器在一个控制周期内的无效时间；二是每个控制周期的有效时间内，FD 能完成 10 次以上的频率比较。基于这两点，有式成立，即

$$f_{gate} > (1-D)f_{RC} \tag{4-11}$$

$$F_{CAL} \geqslant \frac{10}{D}f_{gate} \tag{4-12}$$

DSM 是一个过采样系统，即 DSM 时钟与输入数据率之间存在过采样率（OSR），有式成立，即

$$F_{DSM} \geqslant 2 \times OSR \times F_{CAL} \tag{4-13}$$

设计示例：$f_{RC} = 1\text{ kHz}$，门控时钟占空比 $D = 0.1$（或 0.5），DSM 的 OSR 取 20（或 16）；$f_{gate} > 900\text{ Hz}$（或 500 Hz），可取 2 kHz（或 100 kHz）；$F_{CAL} \geqslant 200\text{ kHz}$（或 2 MHz），可取 1 MHz（或 2 MHz）；F_{DSM} 取 40 MHz（或 64 MHz）。

4.4 双通路射频压控振荡器

考虑到射频中心频率校正，RF FM 需要使用双通路 VCO。也就是说，LC VCO 有两组不同用途的 MOS 累积型可变电容对管：① 差分调谐可变电容对管，用作线性射频频率调制，简称差分 FM 通路；② 单端调谐可变电容对管，与 FLL 一起用作中心频率校正，简称单端校正通路。

在传统的 LC 或 Ring VCO 中，添加一路 MOS 累积型可变电容对管（C_{CAL}）和控制端（V_{CAL}），或者添加一路 V-to-I 转换电路，即可实现双通路 VCO。

图 4-7 给出了双通路 LC VCO 的电路图。VCO 有两路增益，即 FM 调制增益 $K_{VCO,MOD}$（如 350 MHz/V）和中心频率校正增益 $K_{VCO,CAL}$（如 365 MHz/V）；这两个增益都必须足够大，以满足超宽带带宽

（≥500 MHz）和补偿射频中心频率在 PVT 下的偏离（330 MHz，9%）。

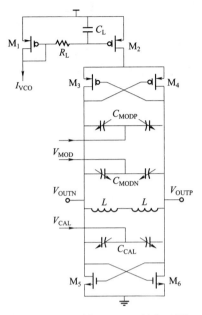

图 4-7　双通路 LC VCO 的电路图

4.5　测试结果

为了验证本章阐述的射频频率调制及中心频率校正电路，采用 UMC 180 nm CMOS 工艺设计并流片了两款芯片，称为芯片Ⅳ和Ⅴ。

芯片Ⅳ和Ⅴ均采用图 4-7 所示的双通路 LC VCO 结构和图 4-3 所示的亚连续型 FLL 中心频率校正结构；显微照片分别如图 4-8 和图 4-9 所示，图中左半部分即为射频频率调制及中心频率校正。这两款芯片还包含子载波生成电路，已在第 3 章进行过阐述。

需要注意的是：芯片Ⅳ的射频中心频率校正使用差分的 Δ-Σ DAC，-3 dB 截止频率为 1 kHz；而芯片Ⅴ的射频中心频率校正使用单端的 Δ-Σ DAC，-3 dB 截止频率为 300 Hz；二者具有非常类似的射频中心频率校正性能。

图 4-10 给出了双通路 LC VCO 在调谐范围和相位噪声上的测试结果。

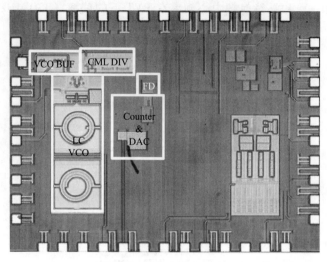

图 4-8　芯片Ⅳ的显微照片

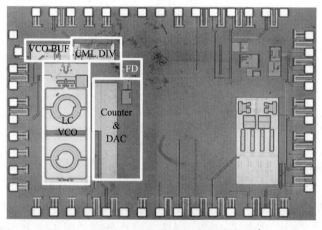

图 4-9　芯片Ⅴ的显微照片

频率调谐范围是 3.4~4.3 GHz；调制增益为 350 MHz/V，确保了 FM-UWB 的射频带宽大于等于 500 MHz；校正增益为 365 MHz/V，确保了射频中心频率 9% 的可调范围。1 MHz 频偏处的相位噪声是 −106 dBc/Hz，满足 FM-UWB 的系统噪声要求[10]；当 VCO 振荡频率改变时，相位噪声的变化小于 1 dB。

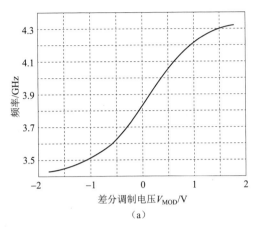

（a）

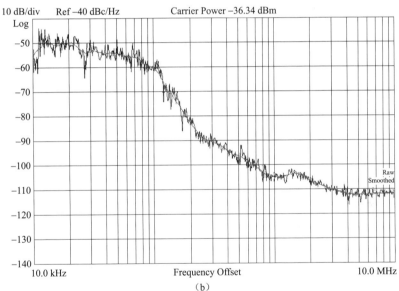

（b）

图 4-10　双通路 LC VCO 的测试结果

（a）调谐范围；（b）相位噪声

4.5.1　高 β_{RF} 下的测试结果

图 4-11 给出了高 β_{RF}（射频调制因子）下的超宽带输出测试频谱。UWB 带宽是 600 MHz，射频中心频率是 3.86 GHz，β_{RF} 是 133 ［见式（2-10），子载波中心频率为 2.25 MHz，β_{RF} = 600 MHz/4.5 MHz］。频谱带内

平坦（波动小于 2 dB）、带沿陡峭。输出功率为-13.5 dBm 的窄带信号经扩频后变为 600 MHz 的超宽带信号，而输出辐射功率降低到-41.3 dBm，它们之间的关系满足式（2-12）。

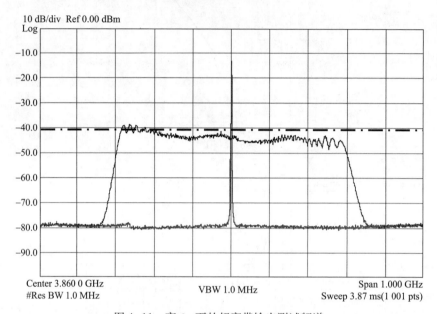

图 4-11　高 β_{RF} 下的超宽带输出测试频谱

图 4-12 给出了高 β_{RF}（$\beta_{RF}=133$）下亚连续型 FLL 的性能测试。通过改变鉴频器的参考门限值 N_{CAL}，可调节 UWB 频带向左或向右移动。N_{CAL} 的 1-bit LSB 变化，将导致 UWB 频带向左或向右移动 64 MHz，遵循式（4-6）（设计时取 $F_{CAL}=1$ MHz，$K=64$）。当 LC VCO 在实现射频调频的同时，亚连续型 FLL 实时校正了 UWB 的中心频率。

4.5.2　低 β_{RF} 下的测试结果

图 4-13 给出了低 β_{RF} 下的超宽带输出测试频谱。UWB 带宽是 700 MHz，射频中心频率是 3.8 GHz，β_{RF} 只有 7〔见式（2-10），子载波中心频率为 51 MHz，$\beta_{RF}=700$ MHz/102 MHz〕。输出功率为-12.8 dBm 的窄带信号经扩频后变为 700 MHz 的超宽带信号，而输出辐射功率降低到-41.3 dBm。

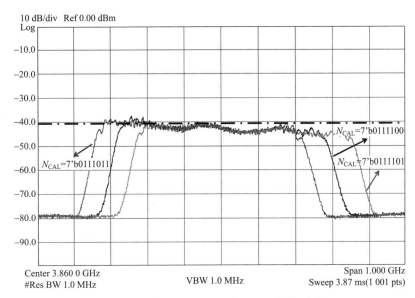

图 4-12　高 β_{RF} 下的亚连续型 FLL 性能测试

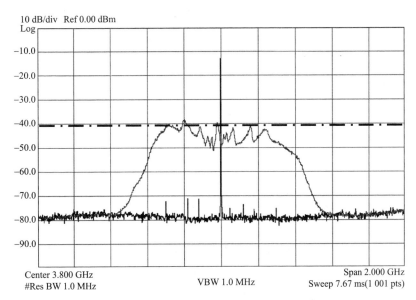

图 4-13　低 β_{RF} 下的超宽带输出测试频谱

　　图 4-14 给出了低 β_{RF}（$\beta_{RF}=7$）下亚连续型 FLL 的性能测试。N_{CAL} 的 1-bit LSB 变化，将导致 UWB 频带向左或向右移动 64 MHz。当 LC VCO 在进行射频调频时，亚连续型 FLL 实现了对 UWB 频带的数字化配置。

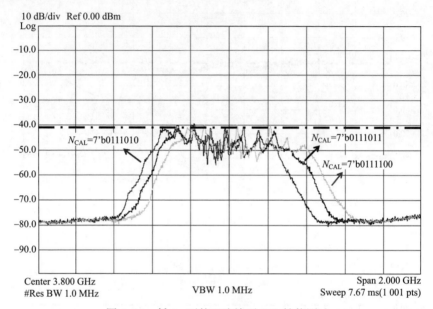

图 4-14　低 β_{RF} 下的亚连续型 FLL 性能测试

　　对比图 4-11~图 4-14，不难发现，高的子载波中心频率或低的射频调制因子，恶化了射频频率调制性能和 UWB 频谱（带内平坦度变差）；这是因为在一个三角波子载波周期内，反映三角波幅度信息变化的调频正弦波的有效个数减少了（见 2.4.6 小节）。

4.6　本章小结

　　本章阐述了 FM-UWB 发射机核心模块——射频频率调制和中心频率校正的具体电路实现；给出了核心模块射频 VCO 的设计考虑并提出双通路的设计思想；介绍了低功耗、半数字型、基于 FLL 的射频中心频率校正。本章还详细介绍了高频分频器、鉴频器、积分器的设计实现，重点阐述了 FLL 的亚连续操作模式和时钟频率的选择。本章最后给出了芯片设计实现和测试结果。

第 **5** 章

宽带射频鉴频器及子载波处理

本章将阐述超宽带调频接收机的两大核心模块——宽带射频鉴频器及子载波处理。本章不仅提出基于模拟相位内插型延迟线的射频鉴频器，突出高鲁棒可配置性；而且给出基于双带通滤波器的可再生型射频鉴频器，强调低功耗设计。本章还给出子载波处理的架构设计和详细的电路实现，包括滤波器、下变频器、本振和限幅器等。

▪ 5.1 常用的宽带射频鉴频器架构

第 2 章已经阐述过，对于射频 FM 解调，只能用斜率鉴频和相位鉴频；在电路实现上，斜率鉴频器由失谐回路（带通滤波器）＋ 包络检波器来实现[19, 38]，相位鉴频器由延时器 ＋ 乘法器来实现[39, 40]。

5.1.1 可再生结构

图 5-1 给出了基于可再生型射频 FM 解调的超宽带调频接收机[18]。BPF 的窄带幅频响应（幅度与频率相关，幅度随频率单调上升或下降）把射频 FM 信号转换成调幅（AM）信号，经后续的包络检波处理后，恢复了发射端的 FSK 子载波信息，实现了射频 FM 解调。

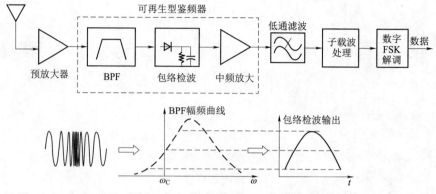

图 5-1　基于可再生型射频 FM 解调的超宽带接收机

可再生结构的好处是接收机的功耗很低，电路实现简单；缺点是牺牲了鲁棒性，*SNR* 和 *BER* 等性能对 PVT 变化敏感，需要在接收机中添加校正电路（借助 SAR-AFC）以动态调节带通滤波器的中心频率。

5.1.2　延时相乘结构

为了提高接收机的鲁棒性，优化解调器的性能，图 5-2 给出了基于延时相乘型射频 FM 解调的超宽带接收机架构[40,61]。通过延迟线把射频 FM 信号转成射频调相（PM）信号，实现 FM-to-PM 转换，接着 PM 信号再与原始的 FM 信号进行相乘，恢复子载波信息。延时相乘结构的优点是接收机在 SNR 和 BER 等性能上具有高鲁棒性；缺点是高精度的射频延迟模块不易实现，接收机功耗较大。下面用详细的公式推导来阐述其工作原理。

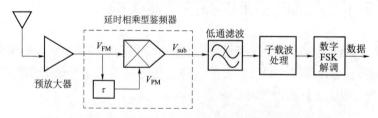

图 5-2　基于延时相乘型射频 FM 解调的超宽带接收机架构

给定发射端的正弦子载波 $m(t) = V_\mathrm{m}\sin(\omega_\mathrm{m}t)$，并用其调制射频 VCO，得到式（5-1）所示的 UWB 信号。这里 V_m、ω_m 和 A、ω_C 分别是子载波与 UWB 信号的振幅和中心角频率。

$$V_{FM}(t) = A\sin\left\{\omega_C t + 2\pi K_{VCO}\int_0^t \left[V_m\sin(\omega_m t)\right]dt\right\} \tag{5-1}$$

射频调制因子 $\beta_{RF} = 2\pi K_{VCO}V_m/\omega_m$，式（5-1）可简化为

$$V_{FM}(t) = A\sin\left[\omega_C t - \beta_{RF}\cos(\omega_m t)\right] \tag{5-2}$$

射频 FM 信号经过延时 τ，并取 $\tau = N/(4f_C)$，$N = 1,3,5,\ldots$，可得到 PM 信号，如式（5-3）所示。

$$V_{PM}(t) = A\sin\left\{\omega_C(t-\tau) - \beta_{RF}\cos\left[\omega_m(t-\tau)\right]\right\}$$

$$= (-1)^{\frac{N+1}{2}}A\cos\left\{\omega_C t - \beta_{RF}\cos\left[\omega_m(t-\tau)\right]\right\} \tag{5-3}$$

PM 信号和 FM 信号相乘并滤掉二次谐波后，得到公式为

$$V_{sub}(t) = V_{PM}(t) \times V_{FM}(t)$$

$$= (-1)^{\frac{N+1}{2}}A\cos\left\{\omega_C t - \beta_{RF}\cos\left[\omega_m(t-\tau)\right]\right\} \times A\sin\left[\omega_C t - \right.$$

$$\left.\beta_{RF}\cos(\omega_m t)\right]$$

$$= (-1)^{\frac{N+1}{2}}\frac{A^2}{2}\sin\left\{\beta_{RF}\cos\left[\omega_m(t-\tau)\right] - \beta_{RF}\cos(\omega_m t)\right\} \tag{5-4}$$

当延时 τ 比子载波周期小很多时，即 $\tau \ll 1/f_m \Rightarrow f_C \gg N/4 \times f_m$，就是说子载波中心频率远小于射频中心频率时，对式（5-4）简化，给出了鉴频器的输出

$$V_{sub}(t) = (-1)^{\frac{N+1}{2}}\frac{A^2}{2}\sin\left\{-\beta_{RF} \times \tau \times \frac{\partial}{\partial t}\left[\cos(\omega_m t)\right]\right\}$$

$$= (-1)^{\frac{N+1}{2}}\frac{A^2}{2}\sin\left[\beta_{RF} \times \tau \times \omega_m \times \sin(\omega_m t)\right]$$

$$= (-1)^{\frac{N+1}{2}}\frac{A^2}{2}\sin\left[\frac{N\pi K_{VCO}}{2f_C} \times m(t)\right] \tag{5-5}$$

式（5-5）表明：接收端恢复的子载波 $V_{sub}(t)$ 是发射端子载波 $m(t)$ 的正弦函数。当子载波幅度较大且满足式（5-6）时，鉴频器恢复的是子载波信号的频率而不是子载波信号本身；对于接收端后续的 FSK（频率）解调，这已经足够了。

$$|m(t)|_{max} = V_m \leqslant \frac{f_C}{N \times K_{VCO}} \tag{5-6}$$

当子载波幅度很小时，即满足式（5-7）时，式（5-5）才近似成式（5-8），此时鉴频器恢复了子载波信号本身或子载波波形。

$$2\pi K_{VCO} \times m(t) < 2\pi K_{VCO}V_m \ll 4f_C/N = 1/\tau \tag{5-7}$$

$$V_{sub}(t) \approx (-1)^{\frac{N+1}{2}}\frac{N\pi A^2 K_{VCO}}{4f_C} \times m(t) \tag{5-8}$$

　　虽然以上分析基于子载波是正弦波形式，但对于三角波形式的子载波，上述推导或结论仍然适用。

　　综上所述，有以下结论：

　　（1）当发射端的子载波幅度较大时，且满足式（5-9），射频鉴频器恢复的是子载波的频率而不是子载波本身；但对于后续的 FSK 解调没有影响。

　　（2）当发射端的子载波幅度很小时，且满足式（5-10），射频鉴频器恢复的是子载波信号本身。

$$\tau = \frac{N}{4f_{\mathrm{C}}} \ll \frac{1}{f_{\mathrm{m}}}, \quad N = 1,3,5,\cdots \qquad V_{\mathrm{m}} \leqslant \frac{f_{\mathrm{C}}}{N \times K_{\mathrm{VCO}}} \qquad (5-9)$$

$$\tau = \frac{N}{4f_{\mathrm{C}}} \ll \frac{1}{f_{\mathrm{m}}}, \quad N = 1,3,5,\cdots \qquad V_{\mathrm{m}} \ll \frac{1}{2\pi K_{\mathrm{VCO}}} \frac{1}{\tau} \qquad (5-10)$$

5.2　宽带射频鉴频器的电路实现

5.2.1　基于双带通滤波器的鉴频电路

　　图 5-3 给出了基于双 BPF 的鉴频器架构。它利用两个中心频率对称失谐的 BPF 的幅频特性 $K_1(\omega)$ 和 $K_2(\omega)$，把调制信号（子载波信号）对应的 FM 信号（FM-UWB 信号），映射成 BPF 输出的电压幅度，即 BPF 输出波形的包络代表了子载波（调制）信号，后续的包络检波器恢复该子载波信息。

　　与传统的利用单 BPF 实现 FM 解调的可再生 FM-UWB 接收机[19]（图 5-1）不同，双 BPF 这一差分结构，不仅抑制窄带干扰引入的直流偏移；还能消除单个 BPF 幅频曲线的非线性，使得 FM 到 AM 转换的线性度大大提高，确保 FM 信号能被无失真地解调。

　　如图 5-4 所示，中心频率在 ω_{C2} 的 BPF-2，其幅频曲线的上升段，会对频率向上变化的 FM 信号产生不断增大的包络幅度，而对频率向下变化的 FM 信号产生不断减小的包络幅度；而中心频率在 ω_{C1} 的 BPF-1，其幅频曲线的下降段，会对 FM 信号产生相反的幅度变化。后续的包络检波器提取出包络幅度信息并进行减法处理，消除 FM-AM 转换引入的直流偏移和非线性，恢复子载波信号。

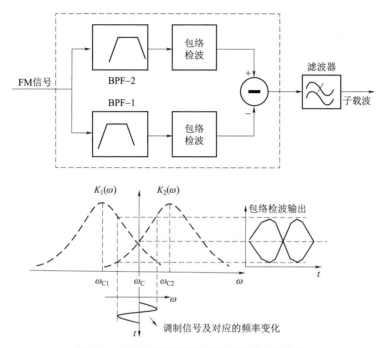

图 5-3　基于双带通滤波器的射频鉴频器架构

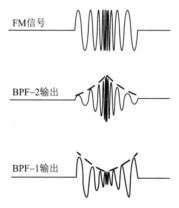

图 5-4　双 BPF 的 FM-AM 转换特性

　　图 5-5 给出了基于双 BPF 的射频鉴频器的具体电路实现[61]；包括双 BPF、包络（半波）检波器、模拟减法器。BPF 由共源共栅放大器和 LC 谐振腔组成；L_L 和 C_L 谐振在频率 f_{C1}（如 3.5 GHz），L_H 和 C_H 谐振在频率 f_{C2}（如 4.2 GHz）；f_{C1} 和 f_{C2} 关于 UWB 中心频率 f_C（如 3.85 GHz）对称，即

$f_{C2}-f_C=f_C-f_{C1}$。源级跟随器 M_5 管等效为二极管，和滤波电容 C_D 一起构成半波检波器，恢复子载波信号（含直流偏移量）并经过后续的共栅放大器（由 M_7 和负载电阻 R_D 构成）进行中频放大。放大后的信号经过 RC 高通滤波后除去直流偏移量，并送往减法器，得到想要的子载波信号。该减法器由高增益的两级放大电路实现，借助其差转单功能来实现模拟减法。

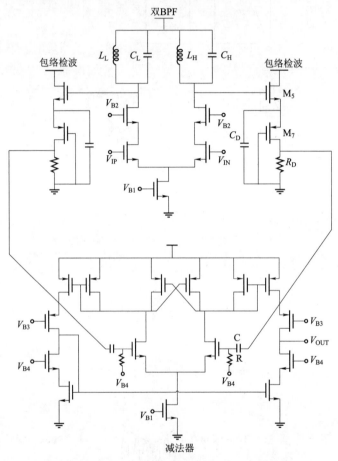

图 5-5　基于双 BPF 的射频鉴频器的具体电路实现

可再生结构的鲁棒性比较差，为了保证 FM 解调性能，需要动态调节带通滤波器的振荡频率 f_{C1} 和 f_{C2}。一个可行的方法是将谐振电容 C_L 和 C_H 设计成二进制权值开关电容阵列形式，然后借助 SAR-AFC 进行频率校准。

5.2.2　基于模拟相位内插型延迟线的鉴频电路

基于延时相乘结构的鉴频器的射频带宽如式（5-11）所示，射频带宽反比于 N；由式（5-8）可知，鉴频器的灵敏度又正比于 N。因此，奇数 N 的选择要兼顾鉴频器的灵敏度和射频带宽。在本书的设计中，N 取 3。

$$B_{\mathrm{Demod}} = \frac{2}{N} f_{\mathrm{C}} , \quad N = 1,3,5,\cdots \qquad (5\text{-}11)$$

基于延时相乘结构的鉴频器，其设计难点在于射频延时 τ 的实现。已有的方法是采用射频全通滤波器（APF）或带通滤波器（BPF）的群延时来实现[40,62]，不仅用到太多的电感，而且 APF 或 BPF 的群延时是固定不可调的；由式（5-9）或式（5-10）可知，当 f_c 变化时，理论上 τ 应做出调整，但已有电路实现却无法动态调节相应的 τ，即鲁棒性差。此外，固定的 τ 对应固定的奇数 N，这也不利于鉴频器在其射频带宽（反比于 N）和灵敏度（正比于 N）上的优化折中。因此，设计一个精确可调的射频延时是很重要和必要的。

本书提出模拟相位内插型延迟线结构[49,63]，如图 5-6 所示，很好地解决了射频延时的精确可调问题。延迟线有两个延时通路，一路是 τ_1，另一路是 $\tau_1 + \tau_2$；控制电压借助 V-to-I 模块调整 CML 模拟开关，设置两个延时通路的电流导通概率 D 或 $1-D$，也就是说，实现 V-to-D 的功能，进而实现延时的可控调节。考虑到 CML 模拟开关也在延时通路上，它本身也会引入固定的延时 τ_3。总的等效延时可以用式（5-12）表示；这里 τ_1 和 τ_3 是固定延时，$D\tau_2$ 是可变延时，总延时由固定延时和可变延时构成；通过控制导通概率 D，可调整总延时 τ，实现射频延时的精确可调。既然控制电

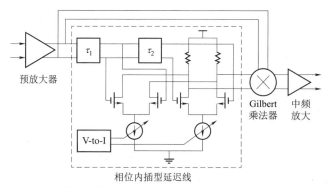

图 5-6　基于模拟相位内插型延迟线的射频延时生成及宽带 FM 解调

压是通过模拟方式改变了延时，也就是说改变了所传输信号的相位，所以该方法称为模拟相位内插法。

$$\tau = D(\tau_1 + \tau_2 + \tau_3) + (1-D)(\tau_1 + \tau_3) = \tau_1 + \tau_3 + D\tau_2 \qquad (5\text{-}12)$$

延时单元 τ_1 和 τ_2 可由负载为 LC 或 RC 网络的多级或单级共源射频放大器实现。为了实现延时可调范围的最大化，需满足式（5-13）。

$$\tau_1 + \tau_3 + 0.5\tau_2 = \frac{N}{4f_C}, \ N = 1, 3, 5 \cdots \qquad (5\text{-}13)$$

图 5-7 给出了模拟相位内插型延迟线的另一种实现方法。固定延时 τ_1 由负载为 LC 或 RC 网络的多级或单级共源差分射频放大器实现。可变延时 $D\tau_2$ 由包含 Preamplifier 和 Latch 的放大器来实现，理论上可实现零到无穷大的延时；改变 Preamplifier 和 Latch 的电流分配，可改变该放大器的等效延时。

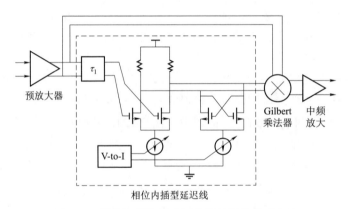

图 5-7　模拟相位内插型延迟线的另类实现方法

图 5-8 给出了基于模拟相位内插型延迟线的宽带射频鉴频器电路；由模拟相位内插型延迟线、吉尔伯特（Gilbert）相位乘法器和增益输出级构成。对比图 5-6 和图 5-8 易知，第一级 LC 放大器的延时实现了 τ_1，第二级 LC 放大器的延时实现了 τ_2，CML 模拟开关引进了固定延时 τ_3，V-to-I 转换器和 CML 模拟开关实现了相位内插器的 V-to-D 功能。

Gilbert 相位乘法器[64,65]是延时相乘型射频鉴频器的有机组成部分，其输出端的 RC 低通滤波器抑制了射频二次谐波分量，得到干净的中频子载波频率分量。增益输出级由可变增益放大器和轨到轨（Rail-to-Rail）[66]输出缓冲器组成，输出幅度可调并确保驱动能力。鉴频器采用全差分结构实现，抑制电源、地的共模噪声和接收端预放大器的共模干扰，增大有用信号的摆幅。

设计时给定单级 LC 放大器的延时为 90 ps，即 $\tau_1 = \tau_2 = 90$ ps；给定 CML 模拟开关的延时 $\tau_3 = 60$ ps；由式（5-12）可知，总延时 τ 的范围是 150~240 ps。由式（5-9），当 $N = 3$，$f_C = 3.85$ GHz 时，鉴频器所需要的理论延时是 195 ps。因此，模拟相位内插结构取得了 ±23% 的延时可调范围；这利于接收端的可重构设计，提高了鉴频器的鲁棒性。

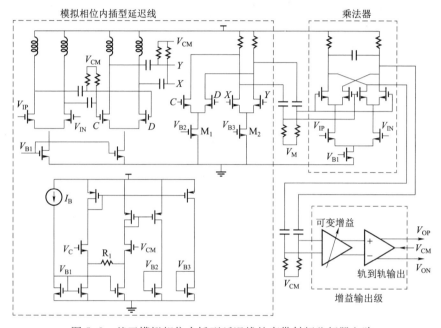

图 5-8　基于模拟相位内插型延迟线的宽带射频鉴频器电路

控制电压 V_C 通过 V-to-I 转换器改变 CML 模拟开关的尾电流，或者说改变 NMOS 管 M_1 和 M_2 的导通角，从而控制两路延时通道的导通概率，实现 V-to-D 功能。当 V_C 很高时，M_1 管关闭，M_2 管导通，信号经过 X、Y 点所在的通路，通路导通概率为 1，延时为 240 ps；当 V_C 很低时，M_1 管导通，M_2 管关闭，信号经过 C、D 点所在的通路，通路导通概率为 0，延时为 150 ps；当 $V_C = V_{CM}$ 时，M_1 管和 M_2 管导通角一致，信号不仅经过 C、D 点所在的通路，还经过 X、Y 点所在的通路，两路信号在电流模型开关中取平均值，通路导通概率为 0.5，延时为 195 ps。所以，射频鉴频器的延时 τ 在控制电压 V_C 的作用下，实现了精确连续可调；二者的关系，即压控延时增益，可以用式（5-14）表示。

$$\frac{\Delta\tau}{\Delta V_{C}}=\frac{\partial\tau}{\partial D}\times\frac{\partial D}{\partial V_{C}}=\frac{\partial\tau}{\partial D}\times\frac{\partial D}{\partial I}\times\frac{\partial I}{\partial V_{C}}\propto\tau_{2}\times\frac{1}{I_{B}}\times\frac{1}{R_{1}}=\frac{\tau_{2}}{I_{B}R_{1}} \quad (5-14)$$

5.3 子载波处理的架构设计

第 2 章提到子载波处理（SCP）模块的目的：借助下变频器，释放射频鉴频器后续的 FSK 解调器在设计上的压力，因为对中频带通模拟子载波信号进行模拟 FSK 解调，其难度远高于对基频低通数字信号进行数字 FSK 解调。

子载波处理包括抗混叠滤波器、三角波本振、下变频器（down-converter）、低通滤波器和限幅器（比较器）。AAF 和 LPF 的目的是滤掉不想要的射频和中频谐波分量；限幅器的作用是把低频模拟 FSK 子载波转成基带数字 FSK 信号。后续的数字 FSK 解调器基于过零点检测，在数据比特周期内通过识别过零点的个数来恢复基带 0/1 数据。

5.3.1 四路过零点检测型 SCP

对于子载波调制因子较小（f_1 和 f_2 差别不大）的情况，若只使用一路相位过零点检测，很难在一个比特周期内区别出数据"0"和"1"（因为每比特周期内，二者的过零点数目相差很小），也很难抑制子载波的过零点抖动（jitter）。因此，对于子载波调制因子较小的情况，常用四路过零点检测技术[20]，如图 5-9 所示。除了已有的正交相位 I 和 Q，额外的相位 I+Q、I-Q 也被利用了。如此，每比特周期内数据 0/1 对应的过零点数的差值就被放大了 4 倍，等效的子载波频偏就变大了，过零点抖动的影响也变小了，就很容易区别出基带数据"0"和"1"来。

但四路检测技术需要中频正交本振、两个正交下变频器、两个低通滤波器、模拟相位生成器（为了得到 I+Q 和 I-Q）、四个限幅比较器；无疑增加了硬件代价和功耗，也增大了后续数字 FSK 解调器的设计难度。

5.3.2 单路过零点检测型 SCP

当 β_{sub} 较大时，子载波频偏就变大了，每比特周期内，数据"0"和"1"对应的过零点数目相差较大，很容易识别。高 β_{sub} 下的子载波处理，无须借助四路过零点检测技术以变相提高子载波频偏，而使用低成本、低功耗的单路过零点检测技术，如图 5-10 所示。

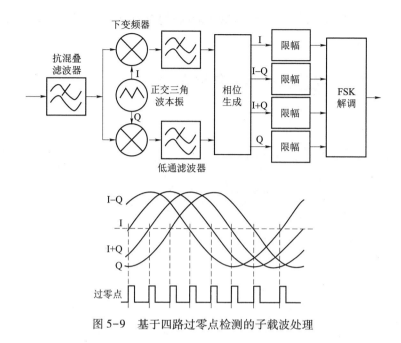

图 5-9　基于四路过零点检测的子载波处理

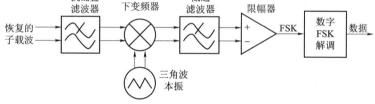

图 5-10　基于单路过零点检测的子载波处理

　　中频子载波频率 f_1 和 f_2，经下变频（本振频率 f_{LO}）并滤波处理后，整体搬移到基频 f_1-f_{LO}（代表基带数据 0）和 f_2-f_{LO}（代表基带数据 1）处，并通过差转单比较器转换成数字 FSK 信息，送往数字 FSK 解调器中进行解调以重建发送的基带数据。

　　第 2 章已经对子载波调制因子 β_{sub} 的取值进行过讨论，一般取值 1~8。较高的 β_{sub} 在同等 BER 的要求下，对接收机信噪比的要求较高，由图 2-25 可以看出，当 β_{sub} 从 1 提高到 8 时，SNR 的设计要求提高了 5 dB。但是较高的 β_{sub} 大大简化了子载波处理的电路实现。所以，设计中需要对 β_{sub} 折中考虑；在接收机对信噪比要求不太苛刻的前提下，如收发机通信距离小于

3m 时，可选用较高的 β_{sub}，以降低子载波处理模块的功耗和设计复杂度。

5.4　子载波处理的电路实现

5.4.1　抗混叠滤波器

抗混叠滤波器 AAF 本质上是一个低通滤波器，滤掉射频二次谐波分量，保留有用频率（子载波频率 f_1 和 f_2）分量。由式（5-9）可知，子载波中心频率 f_m 远小于 UWB 中心频率 f_C。因此，AAF 有宽松的滚降特性要求；在结构选择上考虑带内平坦度比较好的巴特沃斯（Butterworth）滤波器。考虑到 PVT 偏差，选取 AAF 的 -3 dB 截止频率为

$$f_{\text{AAF}} = 2f_\text{m} = f_1 + f_2 \tag{5-15}$$

图 5-11 给出了 AAF 的四阶低通巴特沃斯实现，使用有源 RC 全差分结构。为了简化滤波器的实现，提高稳定性和元件间的匹配度，采用通用的二阶节设计，将四阶滤波器用两个两阶滤波器级联而成，而总体传输函数不变。图中所有的电阻和电容均采用尺寸匹配设计，而单元电阻和单元电容的乘积由 AAF 的截止频率决定，所以只要能确定单元电容 C 值，就能确定下所有的电阻电容值。

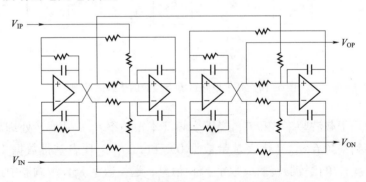

图 5-11　四阶巴特沃斯有源 RC 低通滤波器

单元电容的取值，主要考虑两个方面：① 工艺制造的匹配度误差（取决于电容的面积）和电路的噪声性能（kT/C），这决定了单元电容的最小值；② 运放（OPA）的设计难度、功耗及驱动能力，这决定了单元电容的最大值。所以需要选择一个合理的单元电容值。

　　滤波器核心模块运放，如图 5-12 所示，采用全差分、轨到轨输出、折叠式共源共栅结构[66]。运放的低频增益由 AAF 幅频传输函数的精度决定；带宽由 AAF 的截止频率和运放的反馈系数决定；轨到轨输出级为外部电阻电容提供电流驱动能力；考虑到全差分实现，采用差分对管取样形式的共模反馈电路以维持输出的共模电平。由于运放是模拟集成电路设计的基本模块，因此这里对其不再做过多的阐述。

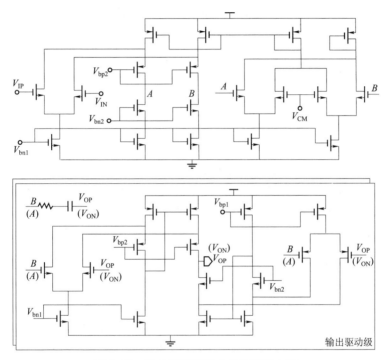

图 5-12　滤波器使用的全差分运放电路

5.4.2　下变频器

　　图 5-13 给出了有源型下变频器电路。Gilbert 乘法器是有源型下变频器的常用结构，输出端内置的 RC 低通滤波器压制了干扰频率（$f_{LO}+f_{in}$）分量，确保了有用的频率（$f_{in}-f_{LO}$）分量。

　　用作中频本地振荡器（LO）的三角波发生器工作在开环模式，电路如图 3-9 或图 3-11 所示；为了得到精准的中频本振频率 f_{LO}（接近子载波频率 f_1），采用开关电容粗调谐（改变定时电容，±20%）和模拟电压细调谐

（通过 V-to-I，改变充放电电流，$K_{\text{VCO}} \approx 10 \text{ kHz/V}$）进行校正。

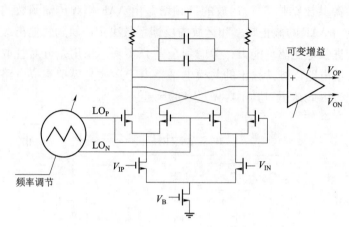

图 5-13　有源型下变频器

　　选择三角波而非正弦波作为下变频器的本振信号，一是因为接收端射频鉴频器恢复的子载波信号，即下变频器输入端信号，类似于三角波；二是因为标准的中频正弦波（MHz 级别），尤其是中频正交正弦波不容易产生，存在波形失真，而三角波发生器不会遇到此类问题。

5.4.3　低通滤波器

　　接收端恢复的子载波［信号带宽 B_{sub}，见式（2-11）］经过下变频后，其频谱搬移到基频（0 Hz）附近。后续 LPF 的截止频率如式（5-16）所示。LPF 滤波器对幅频响应的滚降特性有很高的要求；而对带内平坦度没有严格的要求，考虑到 LPF 的输出要送到限幅器中生成数字 FSK 信号。因此，LPF 在设计上选择滚降特性好、带内平坦度一般的切比雪夫（Chebyshev）滤波器。

$$f_{\text{LPF}} = \max \{ B_{\text{sub}}/2, \ f_2 - f_1 \} \qquad (5\text{-}16)$$

　　图 5-14 给出了 LPF 的五阶切比雪夫有源 RC 低通滤波器，带内纹波（ripple）为 -1 dB。与 AAF 设计类似，使用有源 RC 全差分结构，由一阶低通滤波和两个二阶节结构级联而成，电阻和电容采用尺寸匹配设计。考虑到 LPF 的截止频率远低于 AAF，设计时 LPF 的单位电阻要远大于 AAF 的单位电阻，而单位电容的取值基本相同。LPF 所用到的 4 个运放，在结构上和 AAF 的完全一致，可以移植 AAF 的运放；但由于 LPF 要处理的信

号频率远低于 AAF，为了节省功耗，在移植过程中，运放在尺寸和电流上进行了逐级递减处理。

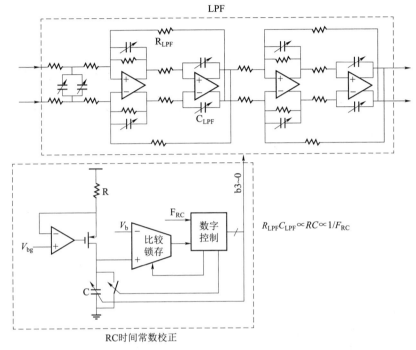

图 5-14　带时间常数校正的五阶切比雪夫有源 RC 低通滤波器

有源 RC 滤波器的 $-3\,\text{dB}$ 截止频率由电阻 R_{LPF} 和电容 C_{LPF} 的乘积决定；考虑到 LPF 的截止频率需要精确确定，图 5-14 引入了 RC 时间常数校正电路[50]，避免 LPF 截止频率随 PVT 波动而出现偏离，提高了设计的鲁棒性。

校正电路是一个频率负反馈系统，由锁存比较器、数字控制单元、权值开关电容阵列和 V-to-I 恒流源构成。在设计上，要确保 R_{LPF} 与单位电阻 R，以及权值开关电容阵列 C_{LPF} 与单位权值开关电容阵列 C 之间的严格匹配。开关电容的充放电时间正比于 RC，和输入参考时钟周期（$1/F_{\text{RC}}$）进行比较，比较的结果通过负反馈反作用于开关管的控制字 b3～0，选择优化的 C_{opt} 和 $C_{\text{LPF,opt}}$ 值。如式（5-17）所示，校正电路这一负反馈系统确保了 RC 乘积的恒定，从而确保了 $R_{\text{LPF}}C_{\text{LPF}}$ 乘积的不变性，固定了滤波器的截止频率。

$$f_{\text{LPF}} \propto \frac{1}{R_{\text{LPF}}C_{\text{LPF}}} \propto \frac{1}{RC} \propto F_{\text{RC}} \tag{5-17}$$

图 5-15 给出了 LPF 在有、无时间常数校正情况下的幅频响应。可以看出，时间常数校正电路显著提高了滤波器的 PVT 鲁棒性；校正前截止频率偏差高于 40%，校正后截止频率偏差低于 10%。

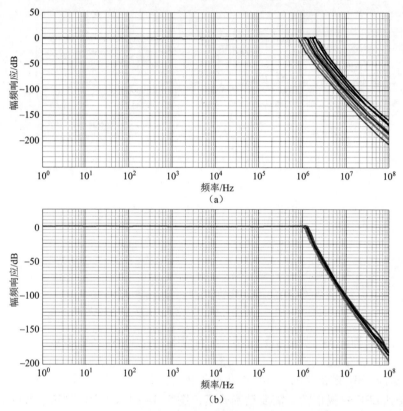

图 5-15　LPF 的幅频响应

（a）无时间常数校正；（b）有时间常数校正

图 5-14 所示的校正方法只能离散地优化开关电容值，无法连续校正 LPF 的截止频率。理论上也只有当控制字的位数无穷大时，有源 RC 结构才能做到连续校正，但这在电路设计上是不可能的。为了实现连续校正，滤波器可以考虑使用 g_m-C 结构取代当前的有源 RC 结构。g_m-C 滤波器的截止频率正比于 g_m/C，通过连续调节跨导 g_m 值，很容易实现截止频率的连续性校正；而调节 g_m 实现起来相当方便，一个简易办法就是通过 V-to-I 转换，用控制电压调节运放输入差分对管的尾电流，从而改变运放的等效 g_m 值。g_m-C 滤波器的校正过程可以用式（5-18）表示；PVT 偏差导致的

C_{LPF}波动，可以通过调节外部控制电压 V_C 得到校正，从而确保滤波器截止频率的恒定。

$$f_{LPF} \propto \frac{g_m}{C_{LPF}} \propto \frac{\sqrt{I_{tail}}}{C_{LPF}} \propto \frac{\sqrt{V_C}}{C_{LPF}} \qquad (5-18)$$

由式（5-17）或式（5-18）可知，通过在滤波器中添加时间常数校正电路，可确保滤波器的-3 dB 截止频率受外部参考时钟 F_{RC} 或外部控制电压 V_C 调谐，进而实现滤波器乃至子载波处理的可重构设计。

5.4.4　限幅器

限幅器本质上是一个低失调的比较器，将 LPF 差分输出的模拟 FSK 信号转换成单端的数字 FSK 信息，便于后续的数字 FSK 解调器处理。考虑到前级 AAF 和 LPF 均采用轨到轨结构，送往限幅器的信号幅值可能很大，为了提高输入共模范围（ICMR），限幅器采用轨到轨、折叠式共源共栅、半浮栅结构的比较器电路，如图 5-16 所示。

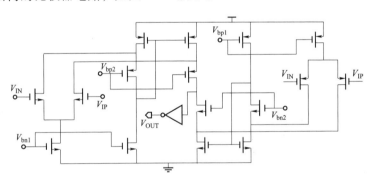

图 5-16　限幅器电路

5.4.5　数字 FSK 解调

对数字 FSK 信息进行解调，就是把基频为 f_1-f_{LO} 的方波信号串复原成基带数据"0"，而把基频为 f_2-f_{LO} 的方波信号串复原成数据"1"；最简单的实现方法就是过零点计数判别。

在每比特数据周期内，通过计数器，统计频率为 f_1-f_{LO} 方波串或频率为 f_2-f_{LO} 方波串出现的个数 n_1 或 n_2；若使用单路过零点检测，则它们各自对应的过零点数是 $2n_1$ 和 $2n_2$；若使用四路过零点检测，则它们各自对应的过零点数是 $8n_1$ 和 $8n_2$；然后把得到的过零点计数值与判决门限 k（$2n_1<k<$

$2n_2$ 或 $8n_1<k<8n_2$）进行比较，以重建基带数据 0/1。

图 5-17 显示了超宽带调频收发机关键节点处的波形，以阐述运用过零点计数判别进行数字 FSK 解调的可行性。

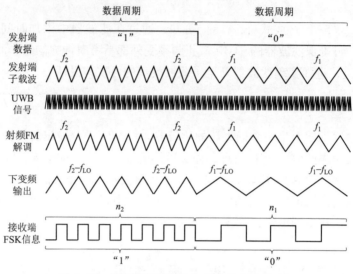

图 5-17　超宽带调频收发机关键节点处的波形

5.5　测试结果

为了验证本章阐述的射频鉴频器和子载波处理电路，采用 UMC 180 nm CMOS 工艺设计并流片了两款芯片，称为芯片 Ⅵ 和 Ⅶ。芯片显微照片分别如图 5-18 和图 5-19 所示，右下部分即为射频鉴频器（基于延时相乘结构）和子载波处理（基于单路过零点检测技术）模块。

芯片 Ⅵ 和 Ⅶ 的区别：前者的子载波生成使用图 2-4 所示的高鲁棒性 Relax OSC，射频调频使用图 2-8 所示的 Ring VCO（两路 V-to-I 转换）；后者的子载波生成使用图 3-1 所示的四相小数分频型锁相环，射频调频使用图 4-7 所示的 LC VCO。芯片 Ⅵ 和 Ⅶ 的子载波频偏（f_2-f_1）均为 800 kHz。

图 5-20 给出了射频鉴频器的输出测试频谱。鉴频器从 FM-UWB 信号中恢复了模拟 2-FSK 子载波信息；频率为 12.8 MHz 的子载波代表基带数据 0，频率为 13.6 MHz 的子载波代表数据 1，子载波频偏为 800 kHz。鉴频

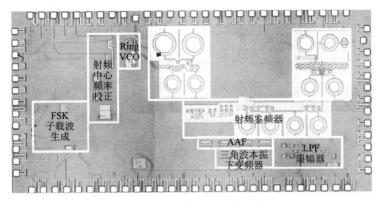

图 5-18 芯片 VI 的显微照片

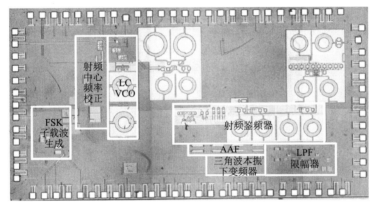

图 5-19 芯片 VII 的显微照片

器的灵敏度为 -40 dBm（仿真）或 -35 dBm（测试）。

图 5-21 给出了接收端三角波本振在相位噪声上的测试结果。1 MHz 频偏处的相位噪声是 -99 dBc/Hz，满足 FM-UWB 的系统噪声要求[10]；当本振频率改变时，相位噪声的变化小于 1 dB。

图 5-22 给出了 SCP 模块所获得的 FSK 信号及后续恢复的基带数据。接收端（RX）测量的 FSK 信号，完全跟随发射端（TX）伪随机数比特源（PRBS）提供的数据模式；当数据率为 12.5 Kb/s 时，每比特周期内，连续 64（800/12.5）个方波的序列代表数据 1，而极少或 0 个方波的序列代表数据 0。接收端恢复的基带数据与发射端 PRBS 数据高度一致，时序上相差两个数据周期。

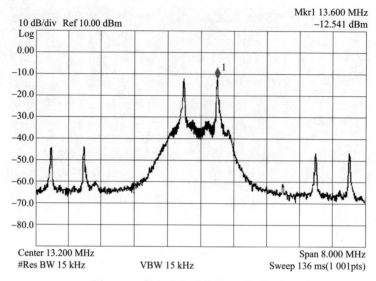

图 5-20　射频鉴频器的输出测试频谱

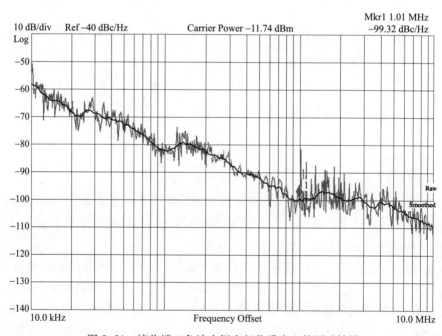

图 5-21　接收端三角波本振在相位噪声上的测试结果

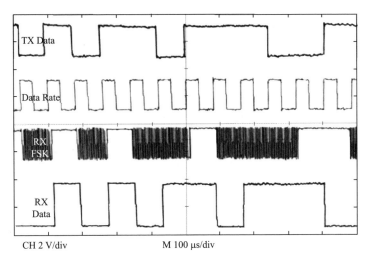

图 5-22　接收端测量的 FSK 信号及恢复的基带数据

　　需要注意的是：发射端用频率 f_1 表示发射数据 "0"，f_2 表示发射数据 "1"；而接收端用子载波频偏 $f_2 - f_1$ 表示恢复的数据 "1"，0 Hz 表示恢复的数据 "0"；子载波频偏越大，子载波处理模块越容易恢复基带数据。

5.6　本章小结

　　本章介绍了超宽带调频接收机两大核心模块的设计实现；阐述了两种射频鉴频器电路，即基于双 BPF 的可再生型和基于模拟相位内插延迟线的延时相乘型；给出了子载波处理各个子模块，如 AAF、下变频器、三角波本振、LPF、时间常数校正、限幅器等的电路实现；最后给出了芯片验证和测试结果。

第6章

FM-UWB 收发机的射频
前端、天线及系统测试

本章阐述发射端输出放大器（OA）、接收端预放大器、超宽带蝶形天线的设计；介绍射频前端的寄生效应，引入封装模型；给出收发机的系统测试方案、测试结果及链路预算。

考虑 FM-UWB 极低的辐射功率，OA 的输出功率很低，通常小于 -10 dBm，这是称为输出放大器而非功率放大器（PA）的原因。考虑到 FM-UWB 短距离无线通信的应用背景，空气中的传输距离通常小于 10m，如此短的通信距离，接收端的灵敏度不会太高，对射频输入放大器在噪声系数上的要求比较宽松，这也是称为预放大器而非低噪声放大器（LNA）的原因。

6.1 发射端的输出放大器

考虑到 FM-UWB 信号是常包络，发射功率小于等于 0.1 mW（-10 dBm 量级）。因此，发射端的功率输出放大器电路实现简单，可采用图 6-1 所示的 AB 类级联结构或图 6-2 所示的 AB 类推挽结构。它们的直流偏置电流和偏置电压确保了 MOS 管有 180°~360° 的导通角。从面积、功耗上考虑，首选推挽型结构。

图 6-1 使用两级共源共栅（cascode）级联结构；电感 L_1、L_2 和电容

C_1、C_2一起构成匹配网络，以推动 50 Ω 的天线负载，输出网络没有应用宽带匹配技术；在偏置电流 I_B 的控制下，可实现$-16 \sim -12$ dBm的功率输出，以满足射频带宽（$\geqslant 500$ MHz）的可配置性〔见式（2-12）〕。

图 6-2 所示的推挽结构不需要 RF 扼流器或谐振器，有利于低成本实现；电感 L_1、电容 C_1、键合线（Bonding Wire）寄生电感 L_B、焊盘（Pad）的寄生电容 C_P，一起构成两级 L 型匹配网络，将 50 Ω 的天线负载拉抬转换为 280 Ω 的输出负载，提高推挽 MOS 管的功率效率[67]；输出 1 dB 压缩点为-6.5 dBm。

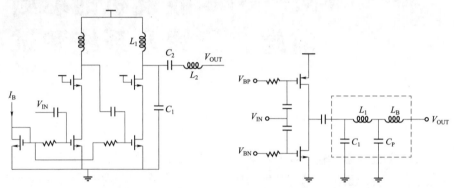

图 6-1　AB 类级联型功率输出放大器　　　　图 6-2　AB 类推挽型功率输出放大器

6.2　接收端的预放大器

高增益、低噪声系数、低功耗是预放大器（或 LNA）普遍追求的性能。传统的噪声和阻抗匹配结构的 LNA[68]，如图 6-3（a）所示，由匹配网络 L_g、L_s 和 C_{ex} 同时实现阻抗匹配和噪声匹配；优点是具有非常低的噪声系数，缺点是单端结构共模抑制性差。传统的基于噪声消除技术的差分结构型 LNA[69]，如图 6-3（b）所示，其差分输出抵消了共栅（CG）晶体管 M_1 产生的噪声 $V_{n,CG}$；但 CG 晶体管为满足输入阻抗匹配条件，即 $1/g_{m1} = 50$ Ω，需要高跨导 g_{m1}，导致 M_1 消耗较高的电流。

6.2.1　预放大器电路

基于上述两种传统的 LNA 结构并扬长去短，折中考虑噪声、增益和功耗，本章给出图 6-4 所示的电流复用型预放大器电路[7,61]和图 6-5 所示的

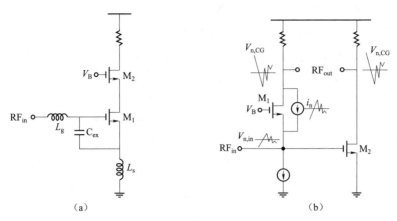

图 6-3　传统 LNA 结构

（a）单端噪声和阻抗匹配结构；（b）差分噪声消除结构[69]

级联型预放大器电路。

图 6-4 所示的预放大器采用三级堆叠电流复用结构以降低功耗。第一级是匹配网络；晶体管 M_1 与电感 L_g、L_s 以及电容 C_g 一起完成噪声匹配和输入阻抗匹配。首先在功耗约束下，选择 M_1 晶体管的尺寸与外部电容 C_g 值，使最佳噪声阻抗的实部为 50 Ω；接着选择源简并电感 L_s，使得最佳噪声阻抗的虚部为 0 Ω；然后选择适当的 M_1 跨导 g_{m1} 使输入阻抗的实部为 50 Ω；最后匹配电感 L_g 将输入阻抗的虚部调整到 0 Ω。

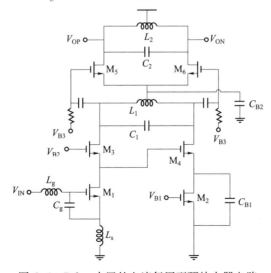

图 6-4　Balun 内置的电流复用型预放大器电路

第二级是共栅（CG）共源（CS）结构的有源巴伦（Balun），实现单转差功能，提高共模抑制特性，并同时提供第一增益级。Balun 由 M_3、M_4、L_1 和 C_1 构成；由于 CG 放大器和 CS 放大器具有相同的电压增益和完全相反的相位，所以 CG 晶体管 M_3 产生的噪声被差分抵消了。第三级是共源差分结构的第二增益级，由 M_5、M_6、L_2 和 C_2 组成。

预放大器采用两个窄带 LC 谐振腔合成一个具有平坦增益的宽带选频网络，两个谐振腔的振荡频率参差配置；L_1 和 C_1 谐振在 3.5 GHz，L_2 和 C_2 谐振在 4.2 GHz，可综合得到一个平坦的从 3.6～4.1 GHz 的超宽带增益。图中的电阻通直隔交，提供偏置电压；其他电容是为了隔直通交或实现交流旁路。

图 6-5 所示的预放大器采用级联型结构。第一级由晶体管 M_1、电感或键合线电感 L_1 和 L_S、电容 C_1 构成，实现噪声匹配和输入阻抗匹配。第二级采用电流复用结构，由晶体管 $M_4 \sim M_7$ 和电容 C_{2A}、C_{2B} 构成，实现有源单转差 Balun 和两级差分放大。M_4 的输出信号分别经过 CG 管 M_7 和 CS 管 M_6 实现单转差变换；引入 M_5 管构成负反馈系统，不仅确保 M_7 与 M_6 有相同的大信号直流偏置和小信号栅源压降，从而抑制 Balun 的增益和相位误差，而且提供 gain-boost 功能，增大 M_7 与 M_6 自身的增益。两级放大分别由 M_4、M_7 构成的 CS-CG 结构和 M_4、M_6 构成的 CS-CS 结构实现。L_3 和 C_3、L_4 和 C_4 构成选频网络；电阻通直隔交，其他电容隔直通交，一起提供偏置电压。

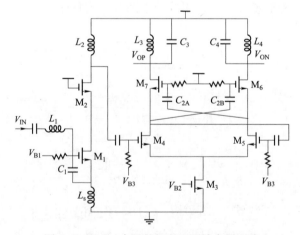

图 6-5　Balun 内置的级联型预放大器电路

表 6-1 给出了预放大器的性能指标。功率增益（S21）高于 28 dB，噪

声系数（NF）小于 5 dB，输入反射系数（S11）低于 -10 dB，输入 1 dB 压缩点低于 -28 dBm。联同第 5 章介绍的射频鉴频器，可确保 FM-UWB 接收机有大约 -70 dBm 的灵敏度。

表 6-1 预放大器的性能指标

性能参数	图 6-5 结构	图 6-4 结构
带宽	3.6~4.1 GHz	3.6~4.1 GHz
增益（S21）	30 dB（仿真）/ 25 dB（测试）	28 dB
噪声系统（NF）	4.2 dB（仿真）/ 6 dB（测试）	3.4 dB
Balun 增益误差	0.25 dB	
Balun 相位误差	1.3°	
输入三阶交调（IIP3）	-21 dBm	
输入 1 dB 压缩点	-31 dBm	-28 dBm
S11	-13 dB	<-10 dB

6.2.2 预放大器噪声分析

下面以图 6-4 所示的结构为例，分析预放大器的噪声来源。第一级噪声匹配和阻抗匹配的 M_1 管所产生的噪声系数 F_1 如式（6-1）所示[68]。其中 ω 为工作（角）频率，C_{gs} 为 M_1 管栅源间的寄生电容，g_{m1} 为 M_1 管的跨导，工艺参数 $\delta = 4/3$、$\gamma = 2/3$（长沟道），$c = 0.395j$ 是栅极噪声与沟道噪声的相关系数。

$$F_1 = 1 + \frac{2}{\sqrt{5}} \frac{\omega}{g_{m1}/C_{gs}} \sqrt{\gamma \delta (1 - |c|^2)} \qquad (6-1)$$

第二级共源共栅 Balun 电路产生的噪声系数 F_2 如式（6-2）所示[69]；其中第二项为共栅管 M_3 的噪声，第三项为共源管 M_4 的噪声，第四项为输出负载引入的噪声。g_{mCG} 为 M_3 的跨导，g_{mCS} 为 M_4 的跨导，R_{CG} 为 M_3 的负载，R_{CS} 为 M_4 的负载，M_1 的输出阻抗 $R_S \approx 1/g_{m3}$，A_{v2} 为第二级增益。

设计时，让 M_3 与 M_4 的尺寸及导通电流完全一致，即 $g_{mCG} = g_{mCS} = g_{m3}$；$M_3 \sim M_4$ 的负载 $R_{CG} = R_{CS} = R_1/2$，这里 R_1 为谐振腔 L_1 与 C_1 等效的并联电阻；第二级电压增益 $A_{v2} = g_{m3}R_1$。如此，式（6-2）所示的第二级

噪声系数就简化为式（6-3）所示，共栅管 M_3 产生的噪声被抵消。

$$F_2 = 1 + \frac{rg_{mCG}(R_{CG} - R_S g_{mCS} R_{CS})^2}{R_S A_{v2}^2} + \frac{rg_{mCS} R_{CS}^2 (1 + g_{mCG} R_S)^2}{R_S A_{v2}^2}$$
$$+ \frac{(R_{CG} + R_{CS})(1 + g_{mCG} R_S)^2}{R_S A_{v2}^2} \qquad (6-2)$$

$$F_2 = 1 + \frac{rg_{m3} R_1^2 (1 + g_{m3} R_S)^2}{4R_S A_{v2}^2} + \frac{R_1 (1 + g_{m3} R_S)^2}{R_S A_{v2}^2}$$
$$= 1 + r + \frac{4}{g_{m3} R_1} \qquad (6-3)$$

由于第一级电路已完成输入阻抗匹配，所以第二级共源共栅并不需要阻抗匹配，也就没有 $1/g_{m3} = 50\ \Omega$ 的约束；换言之，第二级可进行噪声系数和功耗的折中设计。

第三级共源放大器电路产生的噪声系数如式（6-4）所示。其中，k 是玻尔兹曼常数，T 是绝对温度，工艺参数 $\gamma = 2/3$（长沟道），Δf 是信号带宽。

$$F_3 = 1 + \frac{2 \times 4kT \dfrac{\gamma}{g_{m5}} \Delta f}{4kT(R_1/2)\Delta f} = 1 + \frac{2 \times 4kT \dfrac{2}{3g_{m5}}}{4kT(R_1/2)} = 1 + \frac{8}{3g_{m5} R_1} \qquad (6-4)$$

根据级联电路噪声系数的计算公式[70]，式（6-5）给出预放大器的总噪声系数。由于前两级电路的总增益 $A_{v1}A_{v2}$ 较高，第三级电路的噪声可以忽略；整个预放大器的噪声主要由第一级电路产生，第二级电路贡献一部分。

$$F = F_1 + \frac{F_2 - 1}{A_{v1}} + \frac{F_3 - 1}{A_{v1} A_{v2}} \approx F_1 + \frac{F_2 - 1}{A_{v1}} \qquad (6-5)$$

6.3 射频前端寄生效应及封装模型

考虑到射频前端模块输出放大器的输出端和预放大器的输入端均需外接天线，而且射频前端的工作频率很高，在进行与天线的阻抗匹配时，不得不考虑 ESD（静电释放）管、焊盘（Pad）、键合线、PCB（印刷电路板）引入的寄生效应，即引入的寄生电感、电容和电阻对阻抗匹配网络的影响。

考虑到寄生效应，需要对这些由于封装而引入的寄生参数进行建模，得到封装模型；射频前端电路在进行阻抗匹配设计时，要考虑封装模型；在进行相关设计指标的仿真验证时，也要带上封装模型一起仿真。

图 6-6 给出了射频前端的封装模型：键合线引入串联形式的寄生电感 L_B 和寄生电阻 R_B；与 I/O 型 ESD 管并联的 Pad 引入串联形式的寄生电容 C_{pad} 和寄生电阻 R_{pad}，片外 PCB 引入寄生电容 C_{pin}。

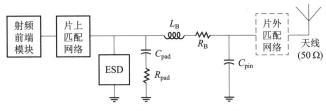

图 6-6　射频前端的封装模型

需要注意的是：输出放大器（功放）的输出信号，大多数情况下，是以 0 为中心的、幅度较大的正弦波信号，因而功放输出端只能选用"裸" Pad，即不加 ESD 管；对应的封装模型中，不包含 ESD。而预放大器的输入信号是小信号，且送往 MOS 管的栅极，必须使用带 ESD 的 Pad；对应的封装模型中，包含 ESD。

键合线的寄生参数如式（6-6）所示；其中 μ_0、ρ、l 和 r 分别是键合线（材料为金或铝）的电导率、电阻率、长度和横截面半径，f 是 UWB 频率范围（如 3.6~4.1 GHz），δ 是键合线的趋肤效应因子。键合线的寄生参数 L_B 和 R_B，与芯片使用的封装工艺和键合材料直接相关。一般情况下，$l=3$ mm，$r=12.5$ μm；业界通常认为 1 mm 长度的键合线引入的寄生电感是 1 nH，该经验值与式（6-6）的计算结果比较吻合。

$$L_B = \frac{\mu_o l}{2\pi}\left[\ln\left(\frac{2l}{r}\right) - 0.75\right], \quad R_B = \frac{\rho l}{2\pi r\delta}, \quad \delta = \sqrt{\frac{2\rho}{2\pi f \mu_o}} \quad (6-6)$$

Pad 的寄生参数与芯片制造工艺及选用的 I/O 类型直接相关。对于 UMC 180nm CMOS 工艺，电源 Pad、数字 IO Pad 的寄生参数 $C_{pad}=98.7$ fF，$R_{pad}=227$ Ω；而模拟、射频 IO Pad 的寄生参数 $C_{pad}=27.3$ fF，$R_{pad}=5.875$ Ω。PCB 寄生电容 C_{pin} 通常按 0.2 pF 估算。

6.4 UWB 天线

FM-UWB 收发机使用小尺寸、径向、平板、蝶形天线[20,49]，如图 6-7 所示。基于填充介质为 FR4 的 PCB 板制造而成，表层的铜板形状类似于蝴蝶，采用 SMA 接口。天线的设计和仿真，可基于 HFSS 或 IE3D 等电磁场软件进行。

图 6-8 和图 6-9 给出了蝶形天线在电压驻波比（VSWR）和等效阻抗上的仿真结果。在 3.6~4.1 GHz 的 UWB 频带内，VSWR 为 -10~-15 dB；天线阻抗实部 R_{real} = 43~60 Ω，虚部 R_{imag} = 8~13 Ω，天线阻抗在设计时尽量接近 50 Ω。

图 6-7 小尺寸蝶形 PCB 天线

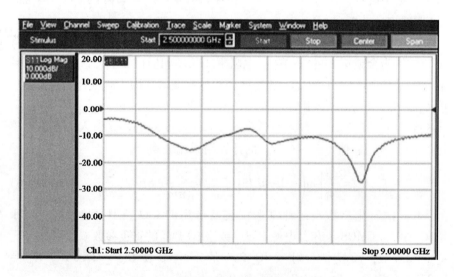

图 6-8 蝶形天线的 VSWR 仿真结果

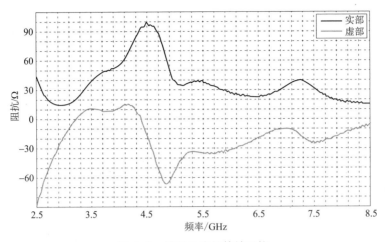

图 6-9　蝶形天线的等效阻抗

6.5　收发机的测试方案

图 6-10 展示了 FM-UWB 收发机的无线数据传输测试平台。两个相同的测试小板上集成有收发机芯片，分别用作发射站和接收站，并使用蝶形天线进行无线通信。测试母板为收发机芯片提供多路电源、偏置电流、偏置电压以及复位信号，母板上的单片机通过三端口对收发机芯片进行多种

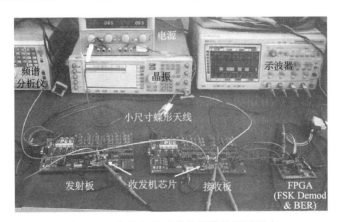

图 6-10　收发机的无线数据传输测试平台

控制字配置。基于计数判决的数字 FSK 解调和位误码率算法由片外 FPGA（现场可编辑门阵列）实现。借助安捷伦（Agilent）公司的晶振发生器提供参考时钟源；用 Agilent 的 HP8563EC 频谱分析仪和泰克（Tektronix）公司的四通道示波器，观察收发机关键节点处的信号频谱及波形。

图 6-11 给出了收发机 BER 的简单测试方案。发射端芯片内部集成的 PRBS（伪随机数比特源）提供的 0/1 数据，一路通过收发机系统进行双频率调制、无线传输、射频 FM 解调后送往 FPGA 并进行数字 FSK 解调，称为通路 I；另一路直接送往 FPGA 并进行延迟（2 bit 数据周期，即通路 I 的传输时间）处理，称为通路 II。通路 I 和 II 的数据 D_1 与 D_2 直接在 FPGA 中进行异或，得到使能信号 en；当 $D_1 = D_2$ 时，en = 0，否则 en = 1。在数据率 DR 的控制下，在给定的计数时间（如 10^6 比特周期）内，计数器 II 自动加 1 计数，当计数周期结束时，得到计数值 n；而计数器 I 只有在 en 为高电平时才自动加 1 计数，当计数周期结束时，得到计数值 m。后续的数字除法器，实现 m 除 n 功能，其输出即为 BER。

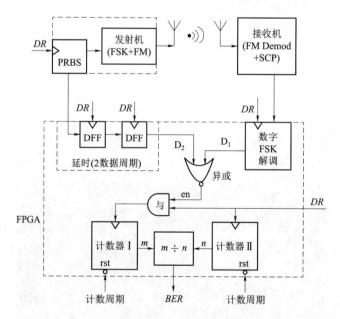

图 6-11　收发机 BER 的简单测试方案

6.6　收发机的测试结果

在图 6-10 所示的收发机无线数据传输测试平台中，四通道示波器用来观察收发机关键节点处的波形，即 PRBS 发射数据、数据率时钟、接收机恢复的 FSK 信号以及 FPGA 重建的基带数据，它们的测试结果如图 6-12 所示。接收端（RX）恢复的 FSK 信号，完全跟随发射端（TX）提供的 PRBS 数据模式；每比特周期内，连续很多个方波的序列代表数据 1，而极少或 0 个方波的序列代表数据 0。FPGA 重建的基带数据与发射端 PRBS 数据高度吻合，只是时序上相差两个数据比特周期。

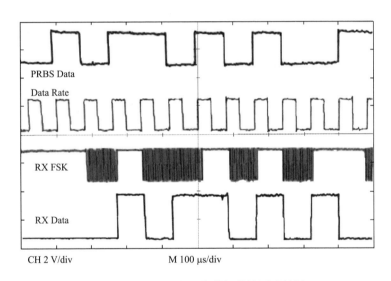

图 6-12　收发机的无线数据传输测试结果

图 6-13 给出了不同通信距离（收发天线间的距离）下收发机 BER 的仿真与测试结果。通信距离越短，BER 特性越好；当通信距离分别为 0.9 m、1.8 m 和 2.7 m 时，收发机的 BER 的仿真结果分别为 10^{-9}、10^{-6} 和 $4×10^{-3}$；当 $BER=10^{-6}$ 时，实际测试的通信距离下降为 60 cm。

图 6-14 给出了接收机在不同输入信号能量下的 BER 仿真结果。接收机接收到的信号能量越大，收发机的 BER 特性越好；当 BER 为 10^{-6} 时，

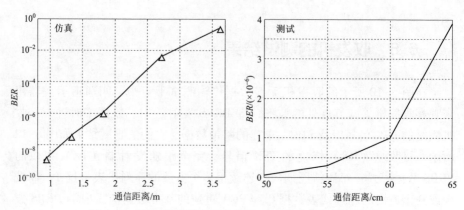

图 6-13　不同通信距离下收发机 *BER* 的仿真与测试结果

接收机的输入信号能量大概是-70 dBm，即灵敏度的仿真结果为-70 dBm。灵敏度的实测结果大概为-60 dBm，受制于射频鉴频器的灵敏度和预放大器的功率增益。

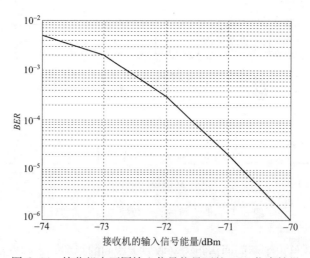

图 6-14　接收机在不同输入信号能量下的 *BER* 仿真结果

表 6-2 给出了 FM-UWB 收发机的总体性能指标；包括射频带宽、频谱带内平坦度、发射功率、数据率、相位噪声、射频鉴频器灵敏度、噪声系数、位误码率、功耗、收发机能量效率和芯片有源面积等。

表 6-2　FM-UWB 收发机的性能指标

工艺	UMC 180 nm CMOS
电源电压	1.8 V
发射功率（P_{TX}）	−14 dBm
UWB 频带	3.6~4.1 GHz
射频带宽（B_{RF}）	500 MHz
频谱带内平坦度	<2 dB
子载波频偏	800kHz
数据率（DR）	100Kb/s
VCO 相位噪声	−82（Ring）/−106（LC）dBc/Hz@1 MHz 频偏
VCO 调谐范围	3.4~4.3 GHz
接收机灵敏度（S_{RX}）	−70（仿真）/−60（测试）dBm
噪声系数（NF）	4.2（仿真）/6（测试）dB
预放大器增益	30（仿真）/25（测试）dB
射频鉴频器灵敏度	−40（仿真）/−35（测试）dBm
位误码率（BER）	10^{-6}
功耗	发射机：5.0 mW 接收机：13.5 mW
收发机能量效率	185 nJ/bit
芯片有源面积	1.7 mm^2

6.7　收发机的链路预算

从发射机到接收机的包括传输损耗和实现损耗在内的链路预算的计算过程示于表 6-3。本书第 2.3 小节给出了相关的计算公式，图 2-25 给出了 BER 与 SNR_{BB} 之间的关系。

表 6-3　FM-UWB 收发机的链路预算

发射功率（P_{TX}）	−14 dBm
UWB 带宽（B_{RF}）	500 MHz
功率谱密度（PSD）	−41.3 dBm/MHz

射频前端损耗	-3 dB
传输损耗（P_{loss}）	50 dB @ $\begin{array}{l}L=1.8\text{ m}\\f_C=4\text{ GHz}\end{array}$
接收信号功率（P_{RX}）	-70 dBm
接收机灵敏度（S_{RX}）	-70 dBm
环境噪声	-87 dBm
噪声谱密度	-174 dBm/Hz
噪声带宽	500 MHz
噪声系数（NF）	≤5 dB
接收机实现损耗	-6 dB
射频信噪比（SNR_{RF}）	6 dB
处理增益（G_{P}）	27.5 dB
UWB 带宽（B_{RF}）	500 MHz
子载波带宽（B_{sub}）	900 kHz@ $\begin{array}{l}DR=100\text{ Kb/s}\\\beta_{\text{sub}}=8\end{array}$
基带信噪比（SNR_{BB}）	33.5 dB
BER 需要的 SNR_{BB}	≤30 dB @ $\begin{array}{l}BER=10^{-6}\\\beta_{\text{sub}}=8\end{array}$
链路余量	≥ 3.5 dB

　　为了实现 500 MHz 的射频带宽，FM-UWB 的发射功率为 -14 dBm。1.8 m 的传输距离在 4 GHz 频率上的自由空间路径损耗为 50 dB 左右，考虑射频前端的 3 dB 增益衰减，那么接收端接收到的信号功率为 -70 dBm。

　　在接收机中，50 Ω 特征阻抗在 500 MHz 带宽上对应 -87 dBm 的噪声功率。噪声系数为 5 dB 的接收机对应的总的输入参考噪声是 -82 dBm。若实现损耗为 6 dB，那么接收机的射频信噪比为 6 dB。

　　FM-UWB 是扩频系统，在 100 Kb/s 的数据传输速率、800 kHz 的子载波频偏、500 MHz 的射频带宽下，引入的处理增益为 27.5 dB。因此，可用的基带信噪比为 33.5 dB。考虑到非相干的 FSK 解调在 $BER=10^{-6}$ 条件下所需的基带信噪比低于 30 dB，收发机具有的链路余量大于 3.5 dB。

　　上述计算过程表明，灵敏度可以通过两个方面进行优化：① 降低接收机（特别是预放大器）的噪声系数；② 降低射频信噪比。

　　而降低射频信噪比也可从两方面入手：① 增大处理增益，即射频带宽与子载波带宽的比值；② 优化基带解调算法或降低子载波调制因子，减少 *BER* 对基带信噪比的要求。

6.8　本章小结

　　本章阐述 FM-UWB 射频前端模块（发射端输出放大器、接收端预放大器）及超宽带蝶形天线的设计；介绍射频前端的寄生效应并引入封装模型；给出收发机的系统测试方案、测试结果及性能指标；最后讲解收发机的链路预算并给出链路余量。

　　本章与前面的第 3~5 章，共同呈现了 FM-UWB 收发机的完整内容和设计。

第 **7** 章

FM–UWB 收发机的
功耗优化及实现

本书第 2 章给出了 FM–UWB 的低功耗设计考虑，如子载波生成采用 8-FSK 而非 2-FSK 调制以提高能量效率，RF VCO 使用低功耗的 Ring 结构，射频鉴频器使用低鲁棒性的可再生结构，子载波处理使用单路过零点检测技术，输出放大器使用推挽型结构、预放大器使用电流复用型层叠结构。但这些只是针对具体的子模块进行功耗优化，不属于系统级功耗优化。虽然可使用低电源电压的先进 CMOS 工艺降低收发机的总体功耗，但这不属于技术范畴。

本章提出了基于数据边沿检测触发的系统级动态功耗优化方法；阐述了发射端数据跳变检测和接收端包络检波控制的电路实现，详细描述了动态功耗优化方法在收发机系统中的应用；最后给出了芯片实现和测试结果，实验数据表明系统功耗被显著优化。

7.1　收发机功耗优化的可行性分析

与 IR-UWB 的极窄脉冲间隙传输[71]不同，FM–UWB 发送常包络实时信息，低 β_{sub}（如 $\beta_{sub} = 1$）的 FM–UWB 设计很难采用类似于开关键控（on-off keying，OOK）的工作模式[5]对收发机系统进行功耗优化。

　　然而当 β_{sub} 比较高（如 $\beta_{\text{sub}}=8$）时，由图 5-17 可知，在一个比特周期内，数据 1 对应数字 FSK 中的 8 个方波，而数据 0 对应 FSK 中的 0 个方波（假定 $f_1=f_{\text{LO}}$）。也就是说数据 1 和 0 之间的 FSK 信号差了 8 个方波数，或者说差了 16 个过零点数（基于单路过零点检测）。8 个方波数或 16 个过零点数对区别数据 0 和 1 完全足够了，事实上 4 个方波数也可以做到 1 和 0 的区别，只是需要将单路过零点检测换成两路或四路过零点检测，此时等效的过零点数目差为 16 或 32，如此才不会恶化 BER。那么如何才能让数据 1 和 0 之间的 FSK 信号只相差 4 个方波数呢？在每个比特周期内，让收发机只工作半比特周期即可。如此便可在保证 BER 性能的情况下，将收发机功耗减少一半。

　　考虑到收发机的功耗主要由射频大电流模块产生，具体到 FM-UWB 系统，就是发射端的 RF VCO 和频率校正中的高频分频器、接收端的射频鉴频器和 AAF，可以让这些射频大电流模块工作在半比特周期。而发射端的子载波生成和接收端的子载波处理的功耗较小，因此实在没必要也让它们工作在半比特周期，而且当它们工作在 OOK 模式时，系统从关断向开启转换的响应时间会拉长，这样就减少了有效的数据传输时间，也减少了数据 1 和 0 之间的有效方波数目差；换言之，功耗并没有节省多少，反而削弱了数据 1 和 0 之间的可识别性。所以，功耗优化是针对射频大电流模块进行的。

　　但即使如此，系统最多优化 50% 的功耗，那么有没有更好地节省功耗的方法呢？尽管让系统工作在 1/3 或 1/4 比特周期能进一步降低功耗，但这样做显然削弱了数据 1 和 0 的可识别性，尽管采用四路过零点检测技术。下面给出一个可行的、能进一步优化功耗的方法。

7.2　基于数据边沿检测触发的动态功耗优化方法

　　待发送的数据信息主要集中在 0、1 发生跳变的时候，我们可以只传输 0、1 发生跳变的数据；那些常 0 或常 1 的数据虽然不传输，但在接收端可以通过数字逻辑从那些已传输的数据中加以恢复。

　　要实现这个目的，在发射端引入数据边沿检测（edge detector）触发逻辑，用以检测 0、1 的跳变；当检测到数据跳变时，就去触发发射端的射频大电流模块进行数据发送，否则发射端的射频模块将不工作；当发射端射频模块工作时，就会有常包络的正弦载波生成，反之就没有。在接收端引入包络检波（envelope detector）控制电路，当检测到载波时，意味着发射端在发送数据，包络检波就去控制接收端的射频大电流模块接收数据，否则就关闭接收端射频模块。如此，在大大降低系统功耗的前提下，那些 0、1 跳变的数据被传输了；基于已传输并恢复的跳变数据，借助反数据跳变逻辑，在数据率 DR 和包络检波控制信号这两个时钟的指引下，接收端也能重建常 0 或常 1 数据。

　　这是一个可行的、新型的系统级功耗优化方法，称为基于数据边沿检测触发的动态功耗优化方法[72]，图 7-1 给出了它的实现框图。

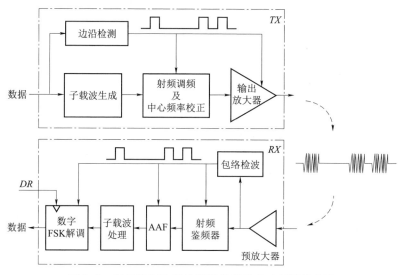

图 7-1　基于数据边沿检测触发的动态功耗优化方法

　　尽管输出放大器（OA）也工作在动态功耗优化模式下，但它的功耗却没有得到优化。动态模式让 OA 工作在低占空比（duty cycle）导通情况下，OA 输出的功率谱密度（PSD）也因为这个低导通角而降低了；为了维持同样的 UWB 带宽和 PSD，需要增大 OA 导通时的输出功率，这就意味着 OA 导通时的功耗增大了；增大的导通功耗抵消了低占空比工作模式所节省的功耗。

　　由于自由空间能量衰减现象，接收端的输入信号很微弱，需要用预放大器进行放大处理后才能送到包络检波控制电路中进行载波检测，因此接收端的预放大器模块一直工作，不受动态功耗优化模式的影响。

考虑到 FM-UWB 极低的辐射水平，OA 的输出功率极低；设计如此低的输出功率，OA 本身的功耗也会很低。再考虑 FM-UWB 短距离无线通信的应用背景，空气中的传输距离通常小于 3m，如此短的通信距离，对预放大器的设计指标要求不会苛刻，且电流复用型层叠结构的使用，这些均会导致预放大器的功耗也不会太高。

因此，尽管输出放大器和预放大器的功耗并没有得到优化，但由于它们在收发机系统中功耗所占比重不大，所以提议的动态功耗优化方法对降低收发机的功耗尤其是射频大电流模块（RF VCO、高频分频器、射频鉴频器、AAF）的功耗，还是很有帮助的。

■ 7.3 动态功耗优化方法在收发机系统中的设计实现

图 7-2 给出了基于数据边沿检测触发的动态功耗优化方法在 FM-UWB 收发机中的应用框图。发射端采用数据边沿检测触发逻辑，接收端使用包

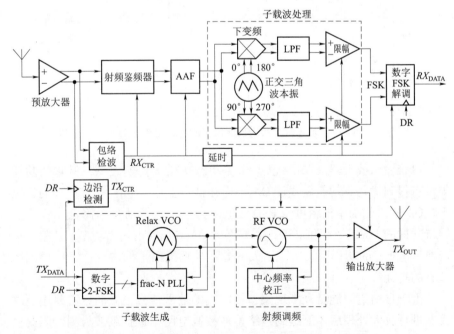

图 7-2 动态功耗优化方法在 FM-UWB 收发机中的应用

络检波控制电路。收发机的射频大电流模块，包括发射端的 RF VCO、FLL、OA 和接收端的射频鉴频器、AAF，在发射端边沿触发逻辑和接收端包络检波的各自控制下，仅仅工作在数据发生 0、1 跳变的那半比特周期内。连续的恒 0 或恒 1 数据虽然没有被传输，但是基于已传输并恢复的跳变数据，通过反数据跳变逻辑，在 DR 和 RX_{CTR} 这两个时钟的控制下，在接收端仍能被有效重建。

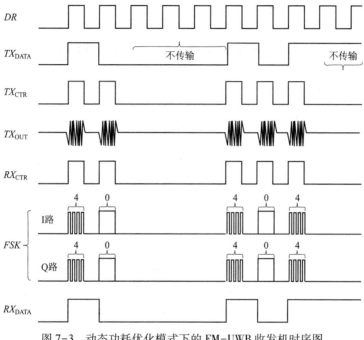

图 7-3　动态功耗优化模式下的 FM-UWB 收发机时序图

图 7-3 给出了 FM-UWB 收发机在动态功耗优化模式下的时序图。射频大电流模块只工作在数据发生 0、1 跳变的那半比特周期，功耗大大降低。常 0 或常 1 数据虽然没有传输，但在 DR 和 RX_{CTR} 双时钟控制下，参考前一比特周期恢复的跳变数据，即可重建当前比特周期的常 0 或常 1 数据。考虑到数据 1 和 0 之间的等效 FSK 方波数目差减少了一半（8 下降到 4），为了维持同样的 BER，子载波处理应用 I、Q 两路过零点检测技术，将过零点数目提高了一倍。

当传输的数据是 PRBS 模式时，数据 0、1 发生跳变的概率是 0.5，在动态功耗优化控制模式下，射频大电流模块有效工作的概率是 0.25，因此它们的功耗优化了 75%，而收发机的整体功耗至少能优化 50% 以上。当传输的数据以常 0 或常 1 为主时，收发机的功耗优化将会是非常可观的。

对于 100 Kb/s 的数据率，半比特周期即 5 μs，充分考虑了射频模块尤其是 VCO 的开启时间，即 VCO 从关断到导通的响应时间要远小于 5 μs。在接收端，包络检波功耗优化控制通路，与接收机自身的信号处理通路间总存在延时不匹配，而且前者延时明显小于后者，所以在控制通路中添加了数字延时模块，通过数字校正的方式实现接收端这两个通路的延时匹配。

图 7-4 给出了发射端的数据边沿检测电路；由 D 触发器（DFF）、异或门、与门构成；边沿检测的高电平输出仅发生在数据出现 0、1 跳变的那半比特周期内，其他情况下均为低电平输出。

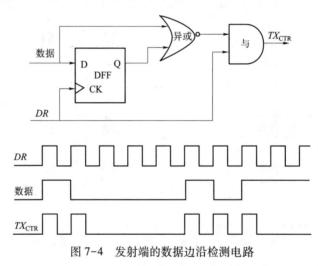

图 7-4　发射端的数据边沿检测电路

接收端的包络检波电路，是实现动态功耗优化模式的关键，图 7-5 给出了它的电路实现；由 V-to-I 转换器、电流型全桥整流器和电流比较器三部分构成[73]。当射频常包络载波存在时，V-to-I 转换器输出高频差分电流并送到全桥整流器中进行整流，得到非零的平均电流，并送往后级的电流比较器中得到高电平输出；而当射频常包络载波不存在时，V-to-I 转换器没有电流输出，全桥整流器输出的平均电流为 0，此时电流比较器输出低电平。也就是说，包络检波器检测并判断输入端是否存在射频载波（UWB 信号），从而控制接收端射频大电流模块的低占空比操作。该包络检波电路自身的功耗较小，可忽略不计。

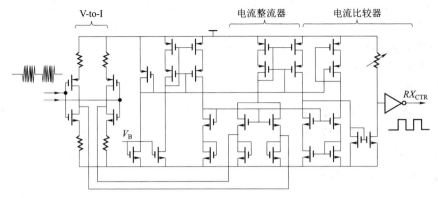

图 7-5　接收端的包络检波电路

为了避免接收端动态功耗优化控制通路的误触发,必须提高包络检波电路抗干扰的能力。使用全差分结构能很好地抑制电源、地的共模噪声干扰,也能够抑制前级的预放大器输出的共模信号干扰。前级的预放大器也很好地屏蔽了复杂的外部通信噪声污染通过天线对包络检波器的串扰。

7.4　功耗优化型收发机的设计实例

为了验证所提议的动态功耗优化方法,基于前面阐述的发射机和接收机电路实现及分析考虑,设计了较高 β_{sub} 情况下的收发机芯片。

子载波生成电路实现如图 3-16 所示,采用两相 8 模小数分频型 PLL。选用 4 / 4.5 双模分频器,小数调制器为 2 比特累加器,$f_{REF} = 3.2$ MHz,$DR = 100$ kb/s,子载波中心频率 $f_m = 13.2$ MHz,子载波调制因子 $\beta_{sub} = 8$,PLL 带宽为 300 kHz,Hybrid-FIR 滤波参数 $n = 1$、$m = 8$。

射频频率调制使用图 4-7 所示的双通路 LC VCO 电路,中心频率为 3.8 GHz。射频中心频率校正使用图 4-3 所示的亚连续型 FLL 来实现。为了让动态功耗优化不影响 FLL 环路的锁定,必须让动态功耗优化控制信号 TX_{CTR} 去控制高频分频器,因而需要对图 4-3 做如下修改:门控时钟 f_{gate} 即为 TX_{CTR},等效的占空比为 0.25;FD 输入参考时钟取 2 MHz,分频器由高频 CML 8 分频和数字 4 分频组成;DSM 过采样时钟频率为 64 MHz,RC 滤波器截止频率为 300 Hz。

鉴频器使用图 5-6 所示的模拟相位内插型延迟线结构,延时 $\tau =$

200 ps；子载波处理使用 I、Q 两路过零点检测技术（图 5-9 中去除相位生成模块，只保留 I、Q 两路 FSK 信息），AAF 截止频率 $f_{AAF} = 26.4$ MHz，三角波本振频率 $f_{LO} = 12.8$ MHz，LPF 截止频率 $f_{LPF} = 900$ kHz；数字 FSK 方波频率 $f_1 - f_{LO} = 0$ Hz 代表基带数据"0"，数字 FSK 方波频率 $f_2 - f_{LO} = 800$ kHz 代表数据"1"。

动态功耗优化方法的实施方案如图 7-2 所示。发射端采用数据边沿检测触发逻辑，接收端使用包络检波控制电路。收发机的射频大电流模块，包括 RF VCO、高频分频器、射频鉴频器、AAF，仅工作在数据发生 0、1 跳变的那半比特周期内。

考虑到这个收发机芯片的设计目的是验证所提议的动态功耗优化方法，所以没有考虑片外天线传输，而直接将发射端的 OA 输出和接收端的预放大器输入在片内连接；同时简化了 OA、预放大器和鉴频器的电路实现（OA 和预放大器由简单的射频驱动电路代替；而鉴频器主要关心延时相乘功能，并没有考虑 -40 dBm 的灵敏度性能）。

7.5　测试结果

为了验证所提议的动态功耗优化方法，基于 UMC 180nm CMOS 工艺，设计并流片了一款收发机芯片，称为芯片Ⅷ。

图 7-6 给出了芯片Ⅷ的显微照片；不仅包括子载波生成、带中心频率

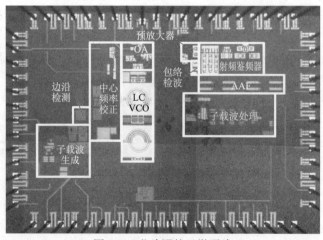

图 7-6　芯片Ⅷ的显微照片

校正的 RF FM、射频鉴频器、AAF、子载波处理，还包括发射端数据边沿检测和接收端包络检波；芯片有源面积为 2.2mm^2。

图 7-7 展示了 FM-UWB 收发机的有线连接测试平台，用来验证所提议的系统级动态功耗优化方法。测试母板为收发机芯片提供多路电源、偏置电流、偏置电压以及复位信号，母板上的单片机通过三端口对收发机芯片进行多种控制字配置。基于过零点计数判决的数字 FSK 解调由片外 FPGA 实现。借助 Agilent 的晶振发生器提供参考时钟源；用 Agilent 的频谱分析仪和 Tektronix 的数字示波器，观察收发机关键节点处的频谱和信号波形。

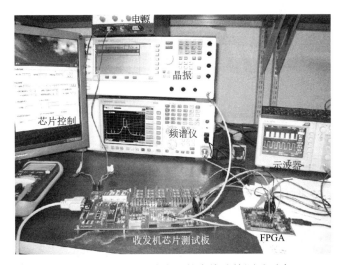

图 7-7　FM-UWB 收发机的有线连接测试平台

图 7-8 给出了测量的发射端 FSK 子载波频谱；子载波频偏为 800 kHz，13.6 MHz 的尖峰代表数据 "1"，12.8 MHz 的尖峰代表数据 "0"。测量的 PLL 带内相位噪声是 -97 dBc/Hz；测试的 PLL 带宽是 300 kHz。当 Hybrid FIR 开启时，子载波频谱效果变好；8 模小数分频操作引起的 800 kHz 处的分数杂散被减弱并扩展成宽广频率范围段的噪声。

图 7-9 给出了测量的 UWB 输出频谱。射频带宽 560 MHz，射频中心频率 3.78 GHz，射频调制因子 21，频谱带内平坦度小于 4 dB。测量的双通路 LC VCO 的频率调谐范围是 3.43~4.27 GHz；在 1 MHz 频偏处的相位噪声小于 -100 dBc/Hz。

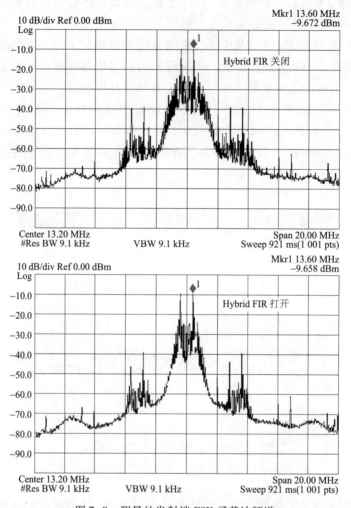

图 7-8　测量的发射端 FSK 子载波频谱

　　图 7-10 给出了射频鉴频器的输出测试频谱。12.8 MHz 和 13.6 MHz 这两个信号尖峰分别代表了解调后的"0"和"1"数据；也就是说鉴频器从 FM-UWB 信号中恢复了模拟 2-FSK 子载波信息。后续的下变频将中频 FSK 信息整体搬移到基频 0 Hz 和 800 kHz 处。

　　图 7-11 给出了无动态功耗优化情况下接收端恢复的 FSK 信息。当 $DR=$ 100 Kb/s 时，每比特周期内有 8 个方波的 FSK 信息代表基带数据"1"，每比特周期内有 0 个或极少方波的 FSK 信息代表数据"0"。

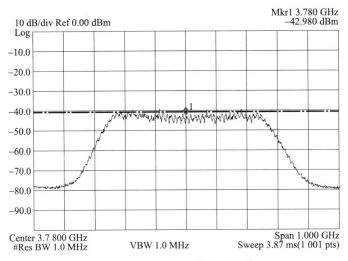

图 7-9　测量的 UWB 输出频谱

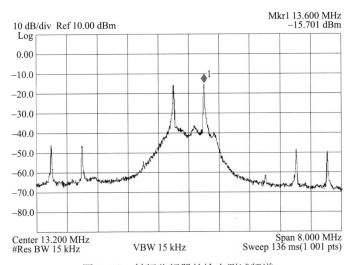

图 7-10　射频鉴频器的输出测试频谱

　　图 7-12 给出了动态功耗优化情况下接收端恢复的 FSK 信息。FSK 方波信息仅仅出现在数据发生 0、1 跳变的那半比特周期，而常 0 或常 1 数据周期没有对应的 FSK 方波信息；表明收发机的射频大电流模块仅仅工作在数据发生 0、1 跳变的那半比特周期。当 $DR = 50$ Kb/s 时，在数据发生跳变的那个比特周期内，有 8 个方波的 FSK 信息代表基带数据"1"，有 0 个或

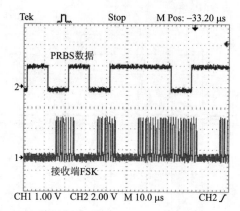

图 7-11 无功耗优化情况下接收端恢复的 FSK 信号

极少方波的 FSK 信息代表数据"0";而常 0 或常 1 数据,可在数据率和包络检波输出时钟双重控制下,参考前一比特周期已恢复的跳变数据而重新建立。

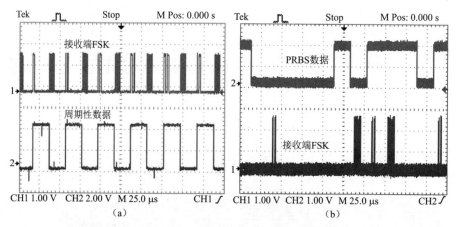

图 7-12 动态功耗优化情况下接收端恢复的 FSK 信息
(a)周期性数据模式;(b) PRBS 数据模式

图 7-13 给出了收发机各个子模块在有、无动态功耗优化模式下的实测功耗。持续工作的子载波生成、预放大器和子载波处理,没有参与功耗优化;如前所述,OA 虽然工作在动态功耗优化模式下,但它的功耗却没有得到任何优化。当传输的数据是 PRBS 模式时,数据 0、1 发生跳变的概率是 0.5,在功耗优化控制模式下,射频大电流模块(LC VCO、高频分频

器、射频鉴频器、AAF）有效工作的概率是 0.25，因此它们的功耗优化了
75%；而当传输的数据以常 0 或常 1 为主时，射频大电流模块的功耗优化
将会非常可观。

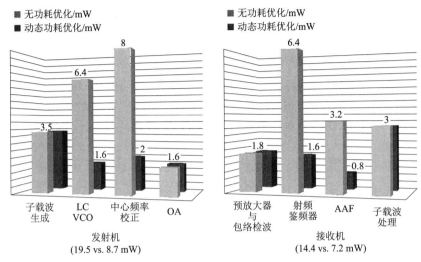

图 7-13　收发机各个子模块在有、无功耗优化模式下的实测功耗

　　无动态功耗优化时，收发机的功耗高达 33.9 mW；借助动态功耗优化
方案，收发机的功耗下降到 15.9 mW。因此，提议的动态功耗优化方法节
省了 53% 的系统功耗。

　　若是将动态功耗优化方法，与低压先进工艺、子模块的低功耗设计技
术（Ring VCO、推挽功率放大、电流复用型预放大、可再生鉴频、简易
SCP）混合使用，那么收发机的功耗将小于 3 mW。

7.6　本章小结

　　本章阐述了较高子载波调制因子下，超宽带调频收发机在系统功耗优
化设计上的可行性，提出了基于数据边沿检测触发的动态功耗优化方法。
本章还阐述了发射端数据跳变检测触发和接收端包络检波控制的电路实
现，并详细描述了动态功耗优化方法在收发机系统中的应用及需要关注的
问题。本章最后给出了收发机的芯片实现和测试结果，实验数据表明系统
取得了 53% 的功耗优化。

第8章

FM-UWB 发射机的另类实现

8.1　基于电流型子载波的发射机结构

FM-UWB 发射机采用双频率调制技术：模拟 FSK 调制 + 射频调频。传统的 FM-UWB 发射机架构如图 8-1（a）所示，基带数据 0 和 1 经过模拟 2-FSK 调制转换成频率分别为 f_1 和 f_2 的模拟三角波序列，这一过程称为子载波生成；随后模拟三角波送到射频 VCO 的电压控制端，在 VCO 的幅度-频率转换增益的控制下，进行射频频率调制得到 UWB 信号，这一过程叫作 RF FM。为了校正开环 VCO 的中心频率，引入射频中心频率校正电路。

传统的 FM-UWB 发射机架构中，子载波是经过 FSK 调制的三角波电压。那么能否把经过 FSK 调制的三角波电流当作子载波呢？基于这个想法，文献［6］和［11］给出了另类的基于电流型子载波的发射机架构，如图 8-1（b）所示。

基带数据 0 和 1，经过模拟 2-FSK 调制转换成频率分别为 f_1 和 f_2 的模拟三角波序列，然后经过跨导（GM）模块的 V-to-I 变换，映射成频率分别为 f_1 和 f_2 的三角波电流；随后模拟三角波电流调谐射频 ICO（电流控制

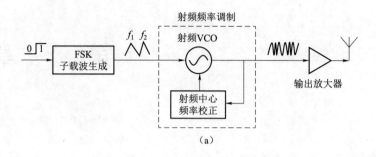

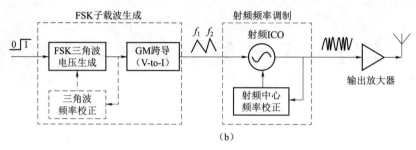

图 8-1　FM-UWB 发射机架构

（a）传统的电压型子载波；（b）另类的电流型子载波

型振荡器）的工作电流，在 ICO 的电流-频率转换增益的控制下，进行射频频率调制得到 UWB 信号；为了校正开环 ICO 的中心频率，引入射频中心频率校正模块。

考虑到低功耗、低成本的 FSK 三角波电压生成器大都基于开环形式的开关电容充放电结构，也就是说三角波频率有较低的 PVT 鲁棒性，因此也需要引入三角波频率校正。当然，若 FSK 三角波电压生成器采用图 2-2~图 2-4 所示的闭环或高鲁棒开环结构时，则无须三角波频率校正。

第 2 章讲过，Ring OSC 是通过控制导通电流或充放电电流或推挽电流来实现频率调谐的，即实现电流-频率转换增益；因此 ICO 常基于 Ring 结构，如图 2-8~图 2-10 所示。对射频 ICO 进行中心频率校正时，校正量是电流而非电压形式，因此推荐使用图 2-12 所示的 AFC 结构。

基于电流型子载波的发射机与传统发射机的差别：① 子载波是三角波电流，而不是三角波电压；② 射频频率调制使用的是 ICO，而不是 VCO。

8.2　基于电流型子载波的发射机实现

图 8-2 给出了基于电流型子载波的 FM-UWB 发射机实现。三角波电压生成基于开环形式的开关电容充放电结构，射频 ICO 使用 Ring 结构；使用 SAR 结构的 AFC 进行三角波频率校正和射频中心频率校正，校正量是多比特的二进制权值电容、电阻或电流。

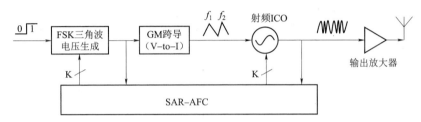

图 8-2　基于电流型子载波的 FM-UWB 发射机实现

8.2.1　电流型子载波生成

图 8-3 给出了低功耗、低成本的电流型子载波生成电路；由 FSK 三角波生成器和 GM 模块构成[6]。三角波生成器基于开环形式的开关电容充放电结构；由低失调比较器和二选一开关 S_5 构成的迟滞比较器控制了单刀开

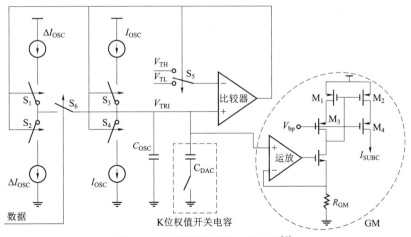

图 8-3　电流型子载波生成电路[6]

关 $S_1 \sim S_4$ 的序列导通与关闭，进而实现了对电容 $C_{OSC}+C_{DAC}$ 的恒流充放电操作，从而得到幅值介于 V_{TH} 和 V_{TL} 间的三角波电压 V_{TRI}。其工作原理是：上电瞬间比较器输出低电平，开关 S_3 和 S_1 导通，S_4 和 S_2 关闭，对电容进行充电，V_{TRI} 变大；当 V_{TRI} 超过 V_{TH} 时，比较器输出高电平，S_3 和 S_1 关闭，而 S_4 和 S_2 导通，对电容进行放电，V_{TRI} 下降；当 V_{TRI} 低于 V_{TL} 时，比较器再次输出低电平，重复上述步骤。

当基带数据为 0 时，开关 S_6 断开，充放电电流为 I_{OSC}，对应的三角波频率 f_1 如式（8-1）所示；当数据为 1 时，开关 S_6 闭合，充放电电流为 $I_{OSC}+\Delta I_{OSC}$，对应的三角波频率 f_2 如式（8-2）所示；数据通过控制开关 S_6 改变了充放电电流，进而实现了模拟 FSK 调制，得到电压型三角波子载波。

$$f_1 = \frac{I_{OSC}}{2(V_{TH}-V_{TL})(C_{OSC}+C_{DAC})} \qquad (8-1)$$

$$f_2 = \frac{I_{OSC}+\Delta I_{OSC}}{2(V_{TH}-V_{TL})(C_{OSC}+C_{DAC})} \qquad (8-2)$$

K 位二进制权值开关电容阵列 C_{DAC}，与下面要介绍的 SAR-AFC 一起，实现了对三角波中心频率的校正，确保了 PVT 情况下子载波频率的鲁棒性。

GM 跨导模块，是由运算放大器（运放）、电阻 R_{GM} 和共源共栅电流镜 $M_1 \sim M_4$ 构成的电流串联负反馈，实现了 V-to-I 功能，把前级生成的电压型三角波子载波 V_{TRI} 转换成电流型三角波子载波 I_{SUBC}。

8.2.2　电流型射频频率调制

电流型射频频率调制由 Ring 结构的射频 ICO 来实现；第 2 章已经介绍了三款 Ring OSC 结构，只需将图 2-8～图 2-10 中的电流 I_B 换成 $I_{SUBC}+I_{DAC}$ 即可；其中 I_{SUBC} 是子载波电流，I_{DAC} 是 K 位二进制权值开关电流阵列以实现 ICO 的射频中心频率校正。

本章给出另一种更简单的 Ring 型 ICO 电路，如图 8-4 所示[11]。选择三级级联结构是为了确保 Ring OSC 有最大的振荡频率和最小的功耗，但牺牲了相位噪声[74]；这正是考虑到 FM-UWB 系统的低功耗、高射频和非严苛噪声需求特性。每一级由 NMOS 驱动管和 PMOS 有源负载管构成；ICO 工作电流由子载波电流 I_{SUBC} 和固定电流 I_{OSC} 提供；ICO 电源电压 V_{REG} 由运放、PMOS 负载管、反馈电阻构成的电压串联负反馈提供，为了确保 V_{REG} 在持续变化的 I_{SUBC} 负载电流下保持稳定，必须确保负反馈运放的增益带宽积（GBW）是子载波频率的 10 倍以上。

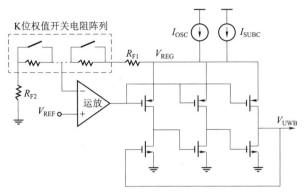

图 8-4　RF FM 使用的 Ring ICO 电路[11]

ICO 的振荡频率 f_{ICO} 如式（8-3）所示；其中 C_{par} 是每级输出节点的寄生电容（包括 NMOS 管的栅端、漏端寄生电容和 PMOS 管的漏端寄生电容），F 是 K 位二进制权值开关电阻阵列引入的反馈系数。振荡频率正比于工作电流 $I_{OSC} + I_{SUBC}$，反比于工作电压 V_{REG}；或者说 f_{ICO} 同时受到 I_{SUBC} 和 F 的双重调谐。因此，ICO 不仅借助 f_{ICO} 与 I_{SUBC} 的正比例关系，实现了射频调频；而且借助 f_{ICO} 与电阻反馈系数 F 的正比例关系，通过 K 位开关电阻和下面介绍的 SAR-AFC 实现了 ICO 的中心频率校正。

$$f_{ICO} \propto \frac{I_{OSC} + I_{SUBC}}{C_{par} V_{REG}} = \frac{(I_{OSC} + I_{SUBC})}{C_{par}} \frac{F}{V_{REF}} \tag{8-3}$$

8.2.3　基于 AFC 的频率校正

图 8-5 给出了基于 SAR-AFC 的子载波、ICO 中心频率校正电路[11]。模式"1"对应 ICO 的射频中心频率校正，模式"2"对应子载波生成的三角波频率校正；模式"1"和"2"均间隙操作，工作在低占空比模式下。

AFC 采集三角波或 Ring（环形）振荡器的输出频率，在数字鉴频器中进行计数，与参考频率 F_{CAL} 进行比较，即在一个参考周期内，对输入的中频时钟 f_{CLK} 进行计数，并将计数值与参考门限值 N_{CAL} 进行比较，识别出振荡频率与中心频率之间的误差，并控制逐次逼近逻辑（SAR）的 K 比特数字输出，后者通过开/关振荡器的二进制权值电流、电容或电阻阵列，从而反向调节振荡器的输出频率，实现对三角波或 ICO 中心频率的

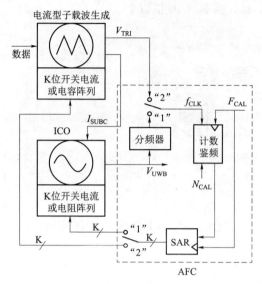

图 8-5　基于 SAR-AFC 的子载波、ICO 中心频率校正电路

校正。

8.2.4　输出放大器

低功耗、低成本的输出放大器推荐使用图 6-2 所示的 AB 类推挽结构。对于 500 MHz 的 UWB 带宽，OA 的输出功率应为 -14 dBm，考虑到天线、芯片封装及匹配网络引入的功率损耗，OA 的输出功率最好在 -10 dBm 左右。

图 8-6 给出了三级 AB 类推挽 OA 电路[6]。每级的功率增益为 5 dB，输入的信号功率为 -25 dBm；图中的电阻隔交通直、电容隔直通交，为 OA 提供直流工作点和交流信号通路；偏置电压 V_{BP} 与 V_{BN} 确保 PMOS 管和 NMOS 管的导通角为 180°~360°（AB 类）；电感 L_1、电容 C_1、键合线寄生

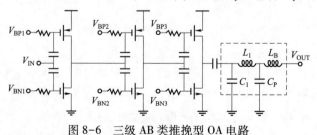

图 8-6　三级 AB 类推挽型 OA 电路

电感 L_B、焊盘寄生电容 C_P，一起构成两级 L 型匹配网络。

 ## 8.3　本章小结

为了拓展读者的思路，加深读者对 FM-UWB 技术的理解，本章阐述了 FM-UWB 发射机的另类结构，给出电流型子载波生成和电流控制型振荡器的设计实现及对应的 SAR-AFC 频率校正电路。本章是全书内容的补充，其阐述的原理和设计思想与第 3 和第 4 章完全一致，只是具体实现方法有所不同。

参 考 文 献

［1］L Yang, G B. Giannaki. Ultra wideband communication-an idea whose time has come ［J］. IEEE Signal Processing Magazine, 2004, 21 （6）: 26-54.

［2］约瑟夫，曹志刚. 超宽带（UWB）通信的标准化现状［J］. 信息技术与标准化，2004, 7: 24-29.

［3］Y Zheng, et al. A 0.18 μm CMOS 802.15.4a UWB transceiver for communication and location ［C］. IEEE International Solid-State Circuits Conference, 2008: 118-119.

［4］Q Werther, et al. A fully integrated 14-band 3.1-to-10.6 GHz 0.13 μm SiGe BiCMOS UWB RF transceiver ［C］. IEEE International Solid-State Circuits Conference, 2008: 122-123.

［5］M Crepaldi, et al. An ultra-low-power interference-robust IR-UWB transceiver chipset using self-synchronizing OOK modulation ［C］. IEEE International Solid-State Circuits Conference, 2010: 226-227.

［6］N Saputra, J R Long. A fully-integrated, short-range, low data rate FM-UWB transmitter in 90 nm CMOS ［J］. IEEE Journal of Solid-State Circuits, 2011, 46 （7）: 1627-1635.

［7］F Chen, et al. A 1 mW 1 Mb/s 7.75-to-8.25 GHz Chirp-UWB transceiver with low peak power transmission and fast synchronization capability ［C］. International Solid-State Circuits Conference, 2014: 162-163.

［8］夏玲琍. IR-UWB 射频收发机的研究与设计［D］. 上海：上海复旦大学，2010.

［9］M U Nair, et al. A low SIR impulse-UWB transceiver utilizing chirp FSK in 0.18 μm CMOS ［J］. IEEE Journal of Solid-State Circuits, 2010, 45 （11）: 2388-2403.

［10］J F M Gerrits, et al. Principles and limitations of ultra-wideband FM communications systems ［J］. EURASIP Journal on Applied Signal Processing, 2005, 3: 382-396.

［11］N Saputra, J R Long, J J Pekarik. A 900 μW, 3~5 GHz integ-rated FM-

UWB transmitter in 90 nm CMOS [C]. IEEE European Solid-State Circuits Conference, 2010: 398-401.

[12] 刘艳丽. 基于人体环境的无线体域网网络结构研究 [D]. 上海: 上海交通大学, 2008.

[13] K In-Hwan, et al. WPAN platform architecture and application design for handset [C]. International Conference on Consumer Electronics, 2008: 1-2.

[14] H Dillon. Hearing Aids (Second Edition) [M]. Boomerang Press, 2012.

[15] J Ryckaert, et al. Ultra-wide-band transmitter for low-power wireless body area networks: design and evaluation [J]. IEEE Transactions on Circuits and Systems I: Regular Papers, 2005, 52 (12): 2515-2525.

[16] B Gupta, et al. FM-UWB for radar and communications in medical application [C]. IEEE International Symposium on Applied Sciences on Biomedical and Communication Technologies, 2008: 1-5.

[17] C Hu, et al. A 90-nm CMOS, 500 Mbps, fully-integrated IR-UWB transceiver using pulse-injection locking for receiver phase synchronization [C]. IEEE Radio Frequency Integrated Circuits Symposium, 2010: 201-204.

[18] N Saputra, J R Long. A short-range low data-rate regenerative FM-UWB receiver [J]. IEEE Transactions on Microwave Theory and Techniques, 2011, 59 (4): 1131-1140.

[19] N Saputra, J R Long, J J Pekarik. A 2.2 mW regenerative FM-UWB receiver in 65 nm CMOS [C]. IEEE Radio Frequency Integrated Circuits Symposium, 2010: 193-196.

[20] J F M Gerrits, et al. A 7.2 GHz-7.7 GHz FM-UWB transceiver prototype [C]. IEEE International Conference on Ultra-Wideband, 2009: 580-585.

[21] B Zhou, et al. Reconfigurable FM-UWB transmitter [J]. IET Electronics Letters, 2011, 47 (10): 628-629.

[22] B Zhou, et al. A low data rate FM-UWB transmitter with $\Delta-\Sigma$ based sub-carrier modulation and quasi-continuous frequency-locked loop [C]. IEEE Asian Solid-State Circuits Conference, 2010: 33-36.

[23] B Zhou, et al. A low-power low-complexity transmitter for FM-UWB Systems [J]. Journal of Semiconductor Technology and Science, 2015, 15 (2): 194-201.

［24］ B Zhou，et al. High-robust relaxation oscillator with frequency synthesis feature for FM－UWB transmitters ［J］. Journal of Semiconductor Technology and Science，2015，15（2）：202-207.

［25］ T Riley，M Copeland，T Kwasniewski. Delta-sigma modulation in fractional-N frequency synthesis ［J］. IEEE Journal of Solid-State Circuits，1993，28（5）：553-559.

［26］ K Shu，E Sánchez-Sinencio. CMOS PLL Synthesizer：Analysis and design ［M］. Springer Science and Business Media，2005.

［27］ J Craninckx，M Steyaert. Wireless CMOS Frequency Synthesizer Design ［M］. Kluwer Academic Publishers，1998.

［28］ P Geraedts，B Nauta. A 90 μW 12 MHz relaxation oscillator with −162 dB FOM ［C］. IEEE International Solid-State Circuits Conference，2008：348-349.

［29］ W Rhee. A low power，wide linear-range CMOS voltage-controlled oscillator ［C］. IEEE International Symposium on Circuits and Systems，1998：85-88.

［30］ B Zhou，et al. A 1 Mb/s 3.2～4.4 GHz reconfigurable FM－UWB transmitter in 0.18 um CMOS ［C］. IEEE Radio Frequency Integrated Circuits Conference，2011：1-4.

［31］ B Zhou，et al. Reconfigurable FM－UWB transmitter design for robust short range communications ［J］. Springer Telecommunication Systems，2013，52（2）：1133-1144.

［32］ D Ham，A. Hajimiri. Concepts and methods in optimization of integrated LC VCOs ［J］. IEEE Journal of Solid-State Circuits，2001，36（6）：896-909.

［33］ N Fong，et al. A 1V 3.8～5.7 GHz wide-band VCO with differen-tially tuned accumulation MOS varactors for common-mode noise rejection in CMOS SOI technology ［J］. IEEE Transactions on Microwave Theory and Techniques，2003，51（8）：1952-1959.

［34］ J Mira，et al. Distributed MOS varactor biasing for VCO gain equalization in 0.13 μm CMOS technology ［C］. IEEE Radio Frequency Integrated Circuits Symposium，2004：131-134.

［35］ 周波，陈霏. 生物医疗电子系统：能量注入与无线数据传输 ［M］.

北京：北京理工大学出版社，2015.

［36］ 喻学艺. ΔΣ 锁相环和延时锁定环中的量化噪声抑制技术 ［D］. 北京：清华大学，2009.

［37］ 罗伟雄. 通信电路与系统 ［M］. 北京：北京理工大学出版社，2007.

［38］ F Chen, et al. A 3. 8 mW, 3. 5~4 GHz regenerative FM-UWB receiver with enhanced linearity by utilizing a wideband LNA and dual bandpass filters ［J］. IEEE Transactions on Microwave Theory and Techniques, 2013, 61 (9)：3350-3359.

［39］ Y Zhao, et al. A short range, low data rate, 7. 2 GHz-7. 7 GHz FM-UWB receiver front-end ［J］. IEEE Journal of Solid-State Circuits, 2009, 44 (7)：1872-1882.

［40］ Y Dong, et al. A 9 mW high band FM-UWB receiver front-end ［C］. IEEE European Solid-State Circuits Conference, 2008：302-305.

［41］ J Farserotu, J Long, et al. CSEM FM-UWB proposal for wireless personal area networks ［R］. CSEM report, 2009.

［42］ M H Perrott, M D Trott, C G Sodini. A modeling approach for Σ-Δ fractional-N frequency synthesizers allowing straightforward noise analysis ［J］. IEEE Journal of Solid-State Circuits, 2002, 37 (8)：1028-1038.

［43］ L Zhang, et al. A hybrid spur compensation technique for finite-modulo fractional-N phase-locked loops ［J］. IEEE Journal of Solid-State Circuits, 2009, 44 (11)：2922-2934.

［44］ B Zhou, et al. Relaxation oscillator with quadrature triangular and square waveform generation ［J］. IET Electronics Letters, 2011, 47 (13)：779-780.

［45］ H Lv, et al. A relaxation oscillator with multi-phase triangular waveform generation ［C］. IEEE International Symposium on Circuits and Systems, 2011：2837-2840.

［46］ F Chen, et al. A 1. 14 mW 750 kb/s FM-UWB transmitter with 8-FSK subcarrier modulation ［C］. IEEE Custom Integrated Circuits Conference, 2013：1-4.

［47］ K B Hardin, J T Fessler, D R Bush. Spread-spectrum clock generation for the reduction of radiated emissions ［C］. IEEE International Symposium on Electromagnetic Compatibility, 1994：227-231.

［48］ D Liu, et al. An FM-UWB transceiver with M-PSK subcarrier modulation and regenerative FM demodulation ［C］. IEEE Midwest Symposium on Circuits and Systems, 2013: 936-939.

［49］ B Zhou, et al. A reconfigurable FM-UWB transceiver for short-range wireless communications ［J］. IEEE Microwave and Wireless Components Letters, 2013, 23 (7): 371-373.

［50］ B Xia, S Yan. An RC time constant auto-tuning structure for high linearity continuous-time $\Sigma\Delta$ modulators and active filters ［J］. IEEE Transactions on Circuits and Systems-I: Regular Papers, 2004, 51 (11): 2179-2188.

［51］ M Soyuer, R G Meyer. Frequency limitation of a conventional phase-frequency detector ［J］. IEEE Journal of Solid-State Circuits, 1990, 25 (8): 1019-1022.

［52］ K Kundert. Predicting the phase noise and jitter of PLL-based frequency synthesizers ［J/EB］. www. designers-guide. org, 2006.

［53］ V Kaenel, et al. A 320 MHz 1.5 mW @ 1.35 V CMOS PLL for microprocessor clock generation ［J］. IEEE Journal of Solid-State Circuits, 1996, 31 (11): 1715-1722.

［54］ W Rhee. Design of high-performance CMOS charge pumps in phase-locked loops ［C］. IEEE International Symposium on Circuits and Systems, 1999: 545-548.

［55］ X Yu, et al. A 1 GHz fractional-N PLL clock generator with low-OSR $\Delta\Sigma$ modulation and FIR-embedded noise filtering ［C］. IEEE International Solid-State Circuits Conference, 2008: 346-347.

［56］ X Yu, et al. A FIR-embedded noise filtering method for fractional-N PLL clock generators ［J］. IEEE Journal of Solid-State Circuits, 2009, 44 (9): 2426-2436.

［57］ P Nilsson, J F M Gerrits, J. Yuan. A low complexity DDS IC for FM-UWB applications ［C］. 16th IST Mobile and Wireless Communications Summit, 2007: 1-5.

［58］ J Kim, et al. A 44 GHz differentially tuned VCO with 4 GHz tuning range in 0.12 μm SOI CMOS ［C］. IEEE International Solid-State Circuits Conference, 2005: 416-417.

［59］ 池保勇. CMOS射频集成电路分析与设计 ［M］. 北京: 清华大学出版

社，2006.

[60] H Rategh, H Samavati, T Lee. A 5 GHz CMOS frequency synthesizer with an injection-locked frequency divider and differential switched capacitors [J]. IEEE Transactions on Circuits and Systems I：Regular Papers, 2008, 56 (2)：320–326.

[61] 陈霏. 用于无线双耳助听器的低功耗超宽带收发机技术的研究 [D]. 北京：清华大学，2014.

[62] J F M Gerrits, J R Farserotu, J R Long. A wideband FM demod-ulator for a low-complexity FM–UWB receiver [C]. 9th European Conference on Wireless Technology, 2006：99–102.

[63] B Zhou, et al. A gated FM–UWB system with data-driven front-end power control [J]. IEEE Transactions on Circuits and Systems I：Regualr Papers, 2012, 59 (6)：1348–1358.

[64] Behzad Razavi. Design of Analog CMOS Integrated Circuits [M]. McGraw Hill Higher Education, 2000.

[65] P R Gray, et al. Analysis and Design of Analog Integrated Circuits (Fifth Edition) [M]. John Wiley & Sons, Inc. , 2009.

[66] W M C Sansen. Analog Design Essentials (Second Edition) [M]. Springer-Verlag New York Inc. , 2006.

[67] S Cripps. RF power amplifiers for wireless communications (Second Edition) [M]. Artech House, 2006.

[68] T-K Nguyen, et al. CMOS low-noise amplifier design optimization techniques [J]. IEEE Transactions on Microwave Theory and Techniques, 2004, 52 (5)：1433–1442.

[69] S C Blaakmeer, et al. Wideband balun-LNA with simultaneous output balancing, noise-canceling and distortion-canceling [J]. IEEE Journal of Solid-State Circuits, 2008, 43 (6)：1341–1350.

[70] H T Friis. Noise figures of radio receivers [J]. Proceedings of the IRE, 1944, 32 (7)：419–422.

[71] T Terada, et al. Intermittent operation control scheme for reducing power consumption of UWB-IR receiver [J]. IEEE Journal of Solid-State Circuits, 2009, 44 (12)：2702–2710.

[72] 周波. 超宽带调频收发机前端的关键技术研究 [D]. 北京：清华大

学, 2011.

[73] J Cha, et al. A highly-linear radio-frequency envelope detector for multi-standard operation [C]. IEEE Radio Frequency Integrated Circuits Symposium, 2009: 149-152.

[74] T C Weigandt, et al. Analysis of timing jitter in CMOS ring oscillators [C]. IEEE International Symposium on Circuits and Systems, 1994: 27-30.